专利申请在线业务办理平台实用指南

国家知识产权局专利局自动化部
国家知识产权局专利局初审及流程管理部　组织编写

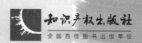

知识产权出版社
全国百佳图书出版单位

图书在版编目（CIP）数据

专利申请在线业务办理平台实用指南 / 国家知识产权局专利局自动化部，国家知识产权局专利局初审及流程管理部组织编写. —北京：知识产权出版社，2017.9

ISBN 978-7-5130-5069-2

Ⅰ.①专… Ⅱ.①国… ②国… Ⅲ.①专利申请—信息系统—操作—指南—中国 Ⅳ.①G306.3-39

中国版本图书馆 CIP 数据核字（2017）第 194749 号

内容提要

本书从初学者的角度出发，全面介绍了专利申请在线业务办理的功能和特点，采用图文并茂的形式，从使用前的准备工作，到撰写和提交专利申请、缴费以及后续办理有关手续等环节，指导电子申请用户一步步办理并提交一份符合要求的专利申请。借助在线业务办理平台，帮助电子申请用户在撰写和办理时提前发现问题，并根据提示及时解决问题。希望广大读者通过使用本书，能够了解在线业务办理平台，熟悉电子申请用户办理在线电子申请的各项业务，提交符合要求的高质量专利申请，提升专利申请和审查效率。本书可作为专利电子申请业务人员参考用书。

责任编辑：许　波　　　　　　　　　　　　责任出版：刘译文

专利申请在线业务办理平台实用指南
ZHUANLI SHENQING ZAIXIAN YEWU BANLI PINGTAI SHIYONG ZHINAN

国家知识产权局专利局自动化部
国家知识产权局专利局初审及流程管理部　　组织编写

出版发行：知识产权出版社 有限责任公司	网　　址：http://www.ipph.cn;
电　话：010－82004826	http://www.laichushu.com
社　　址：北京市海淀区气象路 50 号院	邮　编：100081
责编电话：010-82000860 转 8380	责编邮箱：xbsun@163.com
发行电话：010-82000860 转 8101	发行传真：010-82000893
印　刷：三河市国英印务有限公司	经　销：各大网上书店、新华书店及相关专业书店
开　本：720mm×1000mm　1/16	印　张：19
版　次：2017 年 9 月第 1 版	印　次：2017 年 9 月第 1 次印刷
字　数：300 千字	定　价：48.00 元
ISBN 978-7-5130-5069-2	

前　言

2016 年 10 月，国家知识产权局完成了对专利电子申请系统的升级改造，并同步开通了新的专利电子申请业务办理平台，即在线业务办理平台。在线业务办理平台是一个基于互联网的可以在线实时办理专利申请相关业务的平台，是一种全新的专利申请业务办理模式。目前，国家知识产权局为公众提供了三种专利申请渠道，即纸件申请、通过电子申请客户端提交的离线电子申请和通过在线业务办理平台提交的在线电子申请。近年来，随着我国创新能力和创新水平的提高，知识产权各项事业快速发展，专利申请及受理数量大幅增长。专利电子申请系统作为专利业务办理的重要载体，经历了从无到有、从小到大的历史发展历程。2004年 3 月，国家知识产权局正式开通专利电子申请系统，这标志着专利申请从纸件模式向电子形式的转变。2010 年 2 月，中国专利电子审批系统上线运行，进一步优化了专利审批流程，实现了专利申请从提交、受理到审查全流程电子化，使我国专利电子申请步入了快车道。7 年间，专利受理量从每年 122.2 万件跃升到 346.5万件，电子申请比率也从 26%增长到 95%，全民知识产权意识增强，创新活力增加，尤其是创新主体对获取专利保护的需求尤为突出，我国已成为名副其实的知识产权大国。

《国务院关于新形势下加快知识产权强国建设的若干意见》（国发〔2015〕71号）中明确提出，要通过优化专利的审查流程与方式，实现知识产权在线登记、电子申请和无纸化审批，进一步促进知识产权创造运用。从社会层面上看，在"互联网+"的经济环境下，广大申请人和专利代理服务机构希望有操作更加便捷、流程更加简化和高效的办理渠道，使用当前主流的技术和使用习惯处理日常专利申请业务。从专利行政管理部门层面上来看，大幅增长的专利申请量对国家知识产权局专利审查队伍建设提出了更高的要求，传统的审查模式和业务办理流程已不适应新形势发展的需要。在这种背景下，国家知识产权局提出了对电子申请进行优化并建设一个基于互联网可以在线办理专利业务平台的构想，从而满足社会公众和国家经济发展建设等各方面的需要。

专利申请在线业务办理平台上线运行半年多来，目前系统运行和功能调整已趋于稳定。在使用过程中，不断有申请人和专利代理服务机构向我们咨询在使用过程中遇到的问题，有用户注册、证书下载方面的；也有题录信息填写、新业务模式办理方面的；还有终端设置、系统易用性方面的。这些问题与建议内容相对集中，具有一定的代表性。在线业务办理平台是一个新鲜的事物，系统上线初期，难免会有使用方面、新业务模式变化等方面的问题。因此，为了使电子申请用户能够及时了解业务变化情况、熟悉在线业务办理平台操作步骤、自行解决一些常见问题，国家知识产权局专利局自动化部和初审及流程管理部牵头，组织在系统建设过程中的骨干业务人员编写了这本实用指南，从系统使用前的准备到新申请办理、通知书答复、手续文件办理等方面向读者进行详细介绍，并汇总了常见问题与解答，供广大申请人学习和使用，希望能够对申请人在办理相关事务时有所帮助。

本书的编写分工为：谷威负责第 1 章和附录，梁爽负责第 2 章、第 5 章，曾雪莲负责第 3 章、第 9 章，戴文杰负责第 4 章，郭强、杨建刚负责第 6 章，郭强负责第 7 章，李享负责第 8 章，王星跃负责第 10 章。谷威、戴向华负责全书统稿，李享、韩小菲核校。

在线业务办理平台上线运行时间不长，由于时间仓促，推出此书难免会有考虑不周和不当之处，欢迎广大读者发现问题时及时指正、不吝赐教。

目　录

第1章　概述 ·· 1

1.1　专利电子申请发展现状 ···················· 2

1.2　在线业务办理平台概况 ···················· 3

1.3　在线业务办理平台与离线电子申请的关系 ···· 5

1.4　技术规范及有关术语 ······················ 6

第2章　使用前的准备 ································ 8

2.1　使用环境配置 ····························· 8

2.2　安装 CA 证书控件 ························ 11

2.3　安装 OCX 控件 ·························· 15

2.4　用户注册 ······························· 20

2.5　电子申请用户数字证书 ··················· 28

2.6　用户登录 ······························· 33

第3章　在线业务办理平台简介 ···················· 42

3.1　主界面功能 ····························· 42

3.2　平台业务办理范围 ······················· 64

第4章　新申请办理 ······························· 69

4.1　编辑新申请文件的入口 ··················· 70

4.2　请求书的编辑 ··························· 73

4.3　权利要求书的编辑 ······················ 107

4.4　说明书的编辑 ·························· 112

4.5　说明书附图的编辑 ······················ 113

4.6　说明书摘要的编辑 ······················ 116

4.7　摘要附图的编辑 ························ 116

4.8　外观设计图片或照片的编辑 ··············· 117

4.9 外观设计简要说明的编辑 ·················· 119

4.10 申请文件的编辑 ······················ 121

4.11 附加文件的编辑 ······················ 122

4.12 文件预览和提交 ······················ 122

第5章 通知书办理 ························ 126

5.1 通知书接收确认 ······················ 126

5.2 通知书答复 ·························· 128

5.3 通知书期限延长 ······················ 133

5.4 通知书历史查询 ······················ 134

5.5 纸件通知书申请 ······················ 138

第6章 手续办理 ·························· 141

6.1 著录项目变更 ························ 141

6.2 恢复权利请求 ························ 148

6.3 延长期限请求 ························ 160

6.4 撤回专利申请声明 ····················· 165

6.5 放弃专利权声明 ······················ 166

6.6 撤回优先权 ·························· 171

6.7 提前公布声明 ························ 173

6.8 实质审查请求 ························ 174

6.9 中止程序请求 ························ 176

6.10 更正错误请求 ······················· 180

6.11 改正译文错误请求 ···················· 183

6.12 实用新型专利检索报告 ·················· 187

6.13 专利权评价报告 ····················· 189

6.14 改正优先权 ························· 192

6.15 补交修改译文 ······················· 194

第7章 意见陈述/补正 ······················ 196

7.1 答复审查意见 ························ 197

7.2 答复补正 ·· 198

7.3 主动提出修改 ··· 201

7.4 PCT 进入前主动提出修改 ····················· 204

7.5 补充陈述意见 ··· 207

7.6 其他事宜 ·· 208

第 8 章 费用办理 ··· 210

8.1 费用减缴请求的相关规定及费减备案系统介绍 ········ 210

8.2 费用减缴请求的办理 ································ 221

8.3 关于费用的意见陈述 ································ 224

8.4 在线支付 ·· 225

第 9 章 我的案卷管理 ··································· 228

9.1 案件信息查询 ··· 228

9.2 案件情况列表 ··· 229

9.3 上传文件管理 ··· 236

9.4 题录信息管理 ··· 241

第 10 章 其他功能 ··· 249

10.1 我的收藏 ··· 249

10.2 离线电子申请转在线电子申请 ················ 254

10.3 电子备案请求 ·· 255

10.4 向外国申请专利保密审查请求 ················ 263

10.5 优先权文件数字接入服务（DAS）请求业务 ······· 264

10.6 用户管理 ··· 268

10.7 用户及证书操作 ···································· 272

附录 ·· 281

附录 1 专利收费标准 ···································· 281

附录 2 常见问题与解答 ································· 283

附录 3 在线业务办理平台强制校验规则 ·········· 287

致谢 ·· 293

第1章

CHAPTER **1** ▶▶▶

概　　述

　　《国务院关于新形势下加快知识产权强国建设的若干意见》指出，自国家知识产权战略实施以来，我国知识产权创造运用水平大幅提高，保护状况明显改善，全社会知识产权意识普遍增强，知识产权工作取得长足进步，对经济社会发展发挥了重要作用。同时该意见提出，到 2020 年，在知识产权重要领域和关键环节改革上取得决定性成果，知识产权创造、运用、保护、管理和服务能力大幅提升，创新创业环境进一步优化，为建成中国特色、世界水平的知识产权强国奠定坚实基础。在促进知识产权创造运用方面，要完善知识产权审查和注册机制，优化专利和商标的审查流程与方式，实现知识产权在线登记、电子申请和无纸化审批；在加强知识产权信息开放利用方面，要推进专利数据信息资源开放共享，增强大数据运用能力。

　　国家知识产权局专利审查信息化工作起始于 20 世纪八九十年代，2010 年 2月，以中国专利电子审批系统（E 系统）为代表的一批重要系统上线投入使用，信息化工作进入了全面高速发展时期，随着我国知识产权事业全方位的推进，有力地支撑了专利审查工作，为知识产权创造、运用、保护、管理和服务发挥了重要的作用。"十二五"期间，我国专利申请量累计达到 1000 多万件，年均增长18.56%，专利电子申请率逐年递增，2017 年 7 月年电子申请率为 95.3%，电子申请已成为我国专利申请主要途径。

　　"十二五"期间，国家知识产权局先后建成了中国及多国专利审查信息查询系统、中国 PCT 国际阶段受理和审查管理系统（CEPCT 系统）、中国专利事物服务系统，将中国及多国发明专利审查信息、中国专利申请文件、审批进程、法律状态和授权后专利权维持、运用等信息提供给社会公众，便于广大发明人和申请人利用，极大地促进了专利信息的传播与利用。提供这些信息和公共服务，对支撑我国知识产权创造运用水平、促进社会经济发展起到了不可替代的作用。

1.1　专利电子申请发展现状

国家知识产权局自 2004 年开始接收电子专利申请以来，申请量和业务处理能力逐年增长，截至 2017 年 7 月，电子申请比例已达到 95.3%，三种专利申请受理量 346.5 万件，与传统的纸件申请相比，提供全天候服务、缩短审查周期等优势愈加明显，使用电子申请已成为提交专利申请的主要形式，提供电子申请及配套相关服务的模式已趋于成熟。

然而，在多年的实践中也遇到了一些新的问题，国家知识产权局尽管对电子申请系统进行了适应性的改造和调整，但仍存在一些不尽如人意的地方，一定程度上影响了申请人的业务办理、使用满意度和审查工作效率，同时也不能很好地满足专利申请人和代理服务机构对专利申请更加多元化的要求，其主要表现在以下三个方面。

第一，专利申请人和代理服务机构在提交申请文件、国家知识产权局在受理和审查时会出现一些"盲交""盲收"的问题。目前，通过离线电子申请（电子申请客户端）或者其他接口方式提交的专利申请，是一种在本地计算机上离线编辑的模式，申请人即使提交了存在形式缺陷或者不符合办理条件的文件，如超出期限、缺少相关内容等情况，由于无法及时发现，上传至国家知识产权局，经过专利审查员的审查后，会以审查意见通知书的形式反馈给申请人，尽管有些缺陷不严重，却影响了申请的正常流转和审批，既耽误申请人时间，增加了申请人的经济负担，也无谓地延长了办理和确权时间，给申请人带来了困扰。因此，申请人提出了进一步改进离线电子申请的建议，从而简便办理手续，避免出现无效的提交。

第二，大幅增长的专利申请量与审查周期和质量之间的矛盾日趋增长。近年来，三种专利申请量每年平均以 18% 的速度增长，各种法律手续文件、答复意见通知书每年超过 430 余万份，这些文件和手续的审查耗费了国家知识产权局大量的审查资源，审查工作已满负荷运转，不堪重负。因此，国家知识产权局迫切需要进一步改进现有的审查系统模式，通过提高审查工作的自动化程度，提升专利审查效率和质量。

第三，我国专利电子申请已使用多年，国家知识产权局信息化系统对专利审查工作支撑的能力不断提升，随着互联网技术的发展，某些业务的办理流程存在优化的空间。尤其是一些专利电子申请业务存在更大的提升空间，在遵循《中华人民共和国专利法》（以下简称《专利法》）、《中华人民共和国专利法实施细则》（以下简称《专利法实施细则》）等相关法律法规的前提下，可以优化申请人提交专利申请的方式，从而简化办理手续、提高效率。

1.2 在线业务办理平台概况

▶▶ 1.2.1 在线业务办理平台设计思路

在线业务办理平台是国家知识产权局向专利电子申请用户提供的通过在线编辑、生成、提交、接收、储存等方式进行专利申请业务办理的信息系统。在线业务办理平台突破原有离线填写电子申请各类表格的限制，采用在线填写信息方式，申请人能够及时获取与申请相关的信息，完成专利申请请求信息和其他文件的填写，通过与国家知识产权局审查信息的关联和校验，提交申请文件后可以及时获得审查结论。同时，在线业务办理平台还提供中间文件手续办理、审查意见通知书答复和案卷信息管理等功能。

▶▶ 1.2.2 专利申请在线业务办理平台特点

在线业务办理平台作为一种新的专利申请业务办理工具，在继承了离线电子申请功能的基础上，采用信息交互设计理念，增加了与申请人的信息交流互动，具有以下四个方面的特点。

1. 信息交互性

在线业务办理平台可以根据申请人注册信息，按照申请人类型，动态显示必要填写项目,自动推送相关信息,并根据申请人填写信息自动校验和提示缺陷。同时,在线业务办理平台可以自动筛选可办理业务,对不满足办理条件的申请案件进行屏蔽,避免申请人错误提交。

2. 审查及时性

在线业务办理平台可以对填写的信息和提交的文件提前进行校验和审查,提示缺陷项,帮助申请人提高申请文件撰写的质量。在线业务办理平台实现了对受理、著录项目变更等部分手续类业务及时审查和批量办理,进一步提高了审查效率。

3. 管理灵活性

在线业务办理平台实现了多层级用户管理,通过设置主账户、子账户实现对用户的分级管理,用户可以通过案件授权和办理业务授权两种方式管理案件,增强了申请人和专利代理服务机构对多层级用户管理的便利性和灵活性。目前,通过网上自助注册,实现了在线注册电子申请用户即时生效。

4. 功能多样性

在线业务办理平台进一步丰富了专利电子申请业务办理功能,提供文件上传管理功能,对专利申请请求书、说明书、权利要求书、摘要、说明书附图、证明文件可预先上传和备份;新增证明文件备案功能,实现对总委托书、优先权转让证明、专利权转让证明等22种文件的在线备案管理。

▶▶ 1.2.3 在线业务办理平台业务办理范围

(1)发明、实用新型和外观设计专利申请可以使用在线业务办理平台提交;涉及国家安全或者重大利益需要保密的,应当以纸件形式提交。

(2)依照《专利法实施细则》第一百零一条第二款的规定,进入中国国家阶段的PCT专利申请,可通过在线业务办理平台提交;依照《专利法实施细则》第一百零一条第一款的规定向国家知识产权局提出专利国际申请的,不能通过在线业务办理平台提交。

(3)目前共同申请格式(CAF)申请不能通过在线业务办理平台提交,需使用纸件形式或离线电子申请形式提交。

需要注意的是,申请人通过在线业务办理平台提交专利申请或办理相关手续后，国家知识产权局将通过在线业务办理平台发送各种通知书和决定。

▶▶ 1.2.4　在线业务办理平台新增功能

（1）证明文件备案。通过电子备案请求，申请人可以实现总委托书、PCT 进入国家阶段申请转让证明、其他证明等 22 种证明文件的电子备案请求。

（2）批量变更。实现了申请人变更、联系人变更、代理机构变更和代理人变更等部分手续办理业务的批量变更功能。

（3）子账户创建。主账户可以创建案件管理模式或功能管理模式的子账户。

1.3　在线业务办理平台与离线电子申请的关系

▶▶ 1.3.1　在线业务办理平台与离线电子申请的关系

专利申请在线业务办理平台与纸件申请、离线电子申请（电子申请客户端）是并存的并作为一种新的提交方式承载专利申请及手续等各种业务的办理。原有的离线电子申请用户注册信息、案卷信息及功能不变，继续提供服务。通过在线业务办理平台提交的专利申请，今后将统一称为"在线电子申请"。通过纸件形式提交专利申请，必须先转成离线电子申请，再由离线电子申请转为在线电子申请后，才能办理各项业务。

离线电子申请和在线电子申请使用相同的用户账号、密码和电子证书。通过在线业务办理平台办理申请及相关业务时，淡化了以往需要填写各种表格的操作模式，而是采用填写信息的方式完成各种文件填写和提交。

▶▶ 1.3.2　在线业务办理平台办理注意事项

（1）申请人为两人或两人以上且未委托专利代理机构的，以在线提交电子申请的申请人为代表人。

（2）在线电子申请不能转为纸件申请，也不能转为离线电子申请。

（3）在线业务办理平台暂不支持办理专利审查高速路（PPH）业务。

（4）在线业务办理平台暂不支持办理复审和无效宣告请求业务。

（5）在线业务办理平台暂不支持 USB-KEY 硬证书登录及使用。

（6）国家知识产权局经审查认定在线电子申请涉及国家安全或者重大利益需要保密的，则将该专利申请转为纸件形式继续审查并通知申请人。申请人在后续程序中应当以纸件形式提交各种文件。

（7）《专利法》及其实施细则和专利审查指南中关于专利申请和相关文件的所有规定，除专门针对以纸件形式和离线电子申请形式提交的专利申请和相关文件的规定之外，均适用于在线电子申请。

▶▶ 1.3.3　在线业务办理平台的应急处理

在线业务办理平台可以保障申请人在线业务办理的连续性。当申请人遇到系统升级或系统故障影响在线业务办理时，在线业务办理平台将启动应急处理模式。在启动应急处理模式前，国家知识产权局将提前在中国专利中国中国专利电子申请网（http://cponline.sipo.gov.cn）发布系统升级或故障公告，通知应急模式启动。申请人可以临时通过离线电子申请方式递交在线电子申请手续类业务。递交离线电子申请手续类业务，申请人依旧需要遵从离线电子申请的递交流程，包括编辑手续中间文件（需要录入在先申请案件的申请号）、签名验证、发送、接收回执等流程。回执信息中将显示应急序号、接收时间等信息。

当在线业务办理平台恢复正常后，申请人将收到正式接收确认回执，标志申请人正式递交成功。申请人需要等待后续审查和发送的相关通知书。

需要注意的是，当启动在线业务办理平台应急模式后，通过离线方式递交的手续中间文件，只能接收回执信息。后续发送的审查意见通知书仍需要通过在线业务办理平台进行接收并确认，不能通过离线电子申请方式接收。

1.4　技术规范及有关术语

▶▶ 1.4.1　技术规范

用户通过在线业务办理平台提交专利申请或办理相关手续，应当遵守互联网技术规范和安全规范，按照在线业务办理平台提供的操作规范进行操作，提交文件应符合规定的数据格式和数据信息标准。

目前，在线业务办理平台支持的操作系统为 WINDOWS XP、WINDOWS 7、WINDOWS 8；浏览器为 IE8、IE9、IE10；文档编辑软件为 OFFICE 2003、OFFICE 2007。推荐使用中文版 WINDOWS 7、IE9 和 OFFICE 2007。用户第一次使用在线业务办理平台需要在中国专利中国专利电子申请网站下载并安装编辑器控件和证书控件。

➤➤ 1.4.2　有关术语

（1）离线电子申请：指用户通过电子申请客户端进行编辑、导入或批量导入的专利申请、中间文件。

（2）在线电子申请：指用户通过在线业务办理平台进行编辑、提交的专利申请或中间文件。

（3）题录信息：指按照国家知识产权局要求，申请人填写证明文件中的相关信息。

第2章

CHAPTER 2

使用前的准备

第一次使用在线电子申请的用户，需要先对计算机进行设置，安装 CA 证书和编辑器控件。新用户还需完成用户注册和数字证书安装。

2.1 使用环境配置

使用在线业务办理平台的电子申请用户，推荐安装的软件环境为中文版 WINDOWS 7、IE9 和 OFFICE 2007。为保证能够正常使用相关模块和功能，需要按照使用指导上的说明，先设置中国专利中国专利电子申请网站（http://cponline.sipo.gov.cn）为信任站点，具体操作如下。

（1）输入网址 http://cponline.sipo.gov.cn，或通过登录国家知识产权局官网（www.sipo.gov.cn.）中服务专栏进入，随后单击 IE 浏览器"工具"栏，选择"Internet 选项"，如图 2-1 所示。

（2）打开 Internet 选项，单击"安全"标签页，选择"受信任的站点"，单击"站点"按钮，如图 2-2 所示。

（3）单击"添加"按钮，将网址 http://cponline.sipo.gov.cn 加入信任站点，如图 2-3 所示。

（4）设置信任站点自定义级别，单击"自定义级别"按钮，将框中内容改为启用，如图 2-4 所示，即可完成信任站点设置。

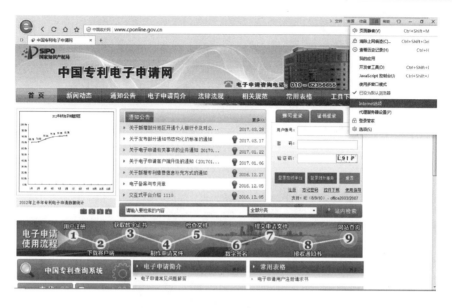

图 2-1　打开 IE 工具栏 Internet 选项

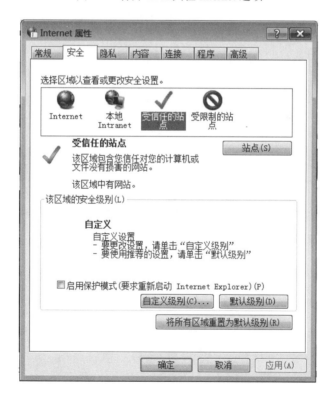

图 2-2　选择受信任站点

图 2-3　添加受信任站点

图 2-4　受信任站点安全设置

2.2 安装 CA 证书控件

使用数字证书对申请文件进行签名是通过在线业务办理平台提交专利申请和办理相关业务的必要条件。因此，在下载和安装数字证书前，需要先安装 CA 证书。具体操作如下。

（1）登录中国专利中国专利电子申请网，单击页面右侧的"控件下载"，下载 CA 证书控件和 OCX 控件并保存，如图 2-5 所示。

图 2-5 控件下载

（2）解压压缩包，文件夹中有 CA 证书和 OCX 控件两个文件夹。打开 CA 文件夹，如图 2-6 所示。

（3）按照"readme.txt"文档的提示，选择安装对应的证书控件，如图 2-7 所示。

（4）双击证书控件，以 Setupx64 为例，开始安装，如图 2-8 所示。

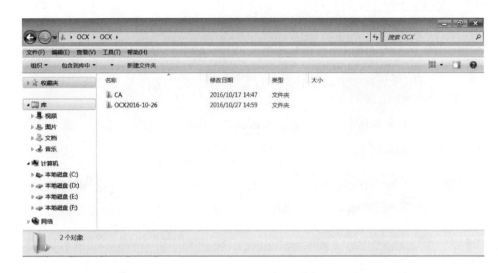

图 2-6　打开 CA 文件夹

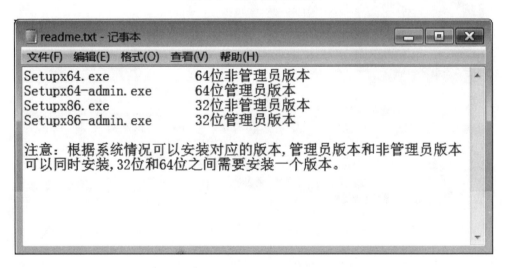

图 2-7　阅读 readme 文档

（5）单击"下一步"按钮，如图 2-9 所示。

（6）选择安装目录，一般为默认路径，选择好安装目录后，单击"下一步"按钮，如图 2-10 所示。

图 2-8　安装控件

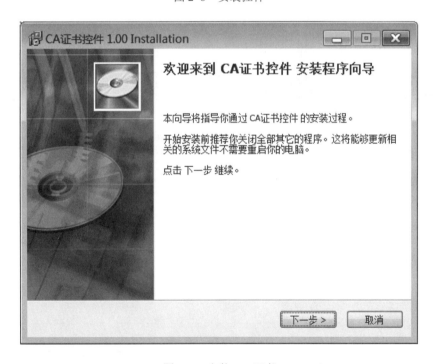

图 2-9　安装 CA 证书

图 2-10　选择安装目录

（7）单击"安装"按钮，如图 2-11 所示。

图 2-11　安装控件

14

（8）单击"完成"按钮，CA证书安装完成，如图2-12所示。

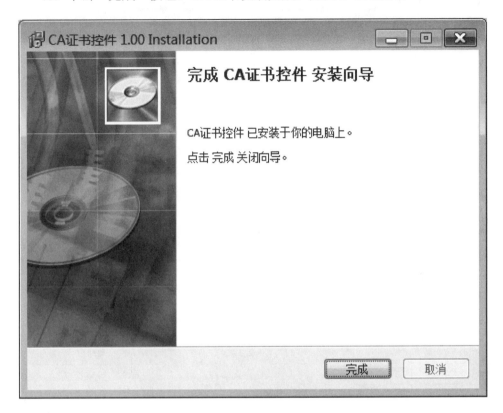

图2-12 完成控件安装

2.3 安装 OCX 控件

OCX 控件是使用在线业务办理平台编辑专利申请文件时必要的工具，因此，用户在使用在线业务办理平台办理专利申请之前，应当安装好 OCX 控件。具体操作如下。

（1）在下载的控件文件夹中，打开"OCX2016-10-26"文件夹，如图 2-13 所示。

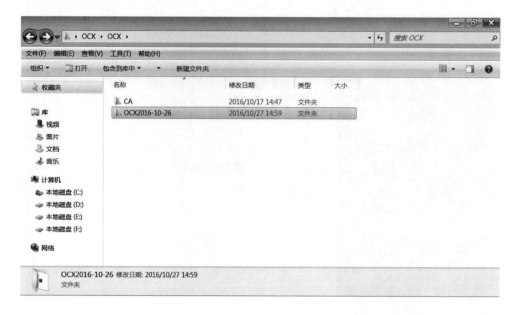

图 2-13　打开 "OCX2016-10-26" 文件夹

（2）双击 setup.exe 进行安装，如图 2-14 所示。

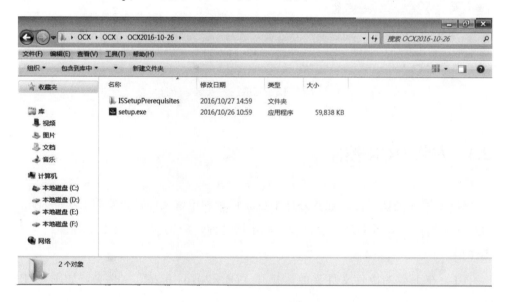

图 2-14　运行 setup 程序

16

（3）一共需要安装 4 个必需的项目，单击"安装"按钮，如图 2-15 所示。

图 2-15　安装 OCX 项目

（4）首先提示安装 MSXML4.0，此程序为数学公式编辑器，单击"Next"按钮进行安装，如图 2-16 所示。

图 2-16　安装 MSXML4.0

（5）第二步安装 ActiveX 控件，同样按顺序设置，单击"Install"按钮进行安装，如图 2-17 所示。

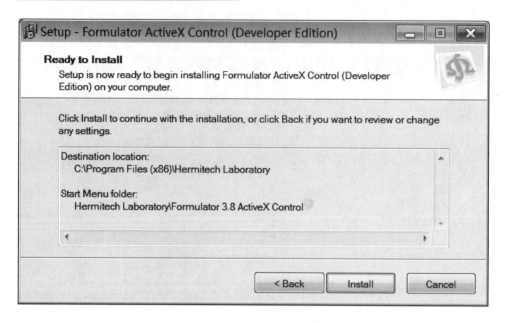

图 2-17 安装 ActiveX 控件

（6）安装程序会自动安装一个校验组件，待安装完成后单击"关闭"按钮即可，如图 2-18 所示。

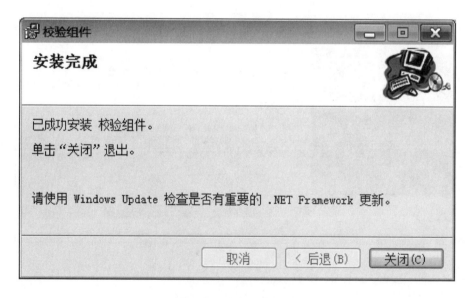

图 2-18 安装校验组件

（7）第三步安装 File Checker 程序，单击"Install"按钮进行安装，如图 2-19 所示。

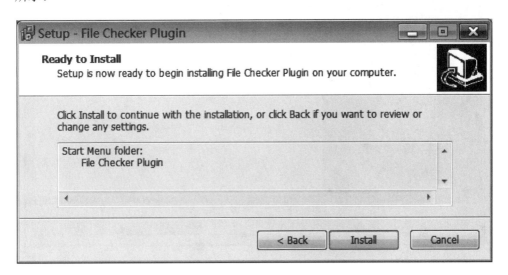

图 2-19　安装 File Checker 程序

（8）第四步安装 OCX 插件，单击"安装"按钮，如图 2-20 所示。

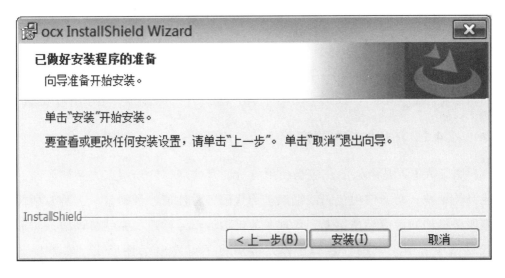

图 2-20　安装 OCX 插件

（9）提示如图 2-21 所示界面，表示安装完成。

图 2-21　安装完成

按照以上步骤完成安装后，编辑专利申请文件的环境就配置好了。

2.4　用户注册

在线业务办理平台上线后，电子申请用户注册手续应当在中国专利电子申请网站办理。注册请求人通过中国专利电子申请网站自助注册成为电子申请用户。

►► 2.4.1　注册的相关规定

注册请求人是个人的，应当使用身份证号注册；注册请求人是法人的，应当使用统一社会信用代码或组织机构代码证号注册；注册请求人是专利代理服务机构的，应当使用专利代理服务机构注册号注册。系统将以回执的形式返回注册结果、用户名和密码，今后将不再发出纸件形式注册审批通知书。

如使用其他证件号码注册的（如护照、军官证、营业执照等），只能注册成为临时电子申请用户，还需将相关证明文件邮寄到国家知识产权局专利局办理正式用户注册手续，文件上注明"临时电子申请用户账号"。注册请求应当提交的相关证明文件主要是指：注册请求人是个人的，应当提交由本人签字或者盖章的身份证明文件复印件；注册请求人是单位的，应当提交加盖单位公章的企业营业执照或其他资质证明文件复印件。

邮寄地址为北京市海淀区蓟门桥西土城路 6 号国家知识产权局专利局受理处，邮政编码为100088。

▶▶ 2.4.2 注册步骤

（1）打开中国专利中国专利电子申请网（http://cponline.sipo.gov.cn），在页面的右侧，单击"注册"，如图 2-22 所示。

图 2-22 单击注册

（2）在新弹出的页面上，仔细阅读《专利电子申请系统用户注册协议》，阅读完成后，勾选"同意以上声明"，单击"提交"按钮，进入注册业务办理页面，如图 2-23 所示。

图 2-23　阅读用户注册协议

（3）在注册业务办理页面，根据实际情况，选择注册类型。这里以个人注册为例，注册类型应选择"个人注册"，在打开的个人注册页面输入相关的信息，如图 2-24 所示。

（4）按照系统的要求输入姓名、国籍或注册国家（地区）、证件类型、证件号码、经常居所或营业所所在地、邮政编码、省/直辖市、市/区/县、详细地址、密码、电子邮箱、手机号码、固定号码、提示方式和数字证书方式等。其中，前面标注*项是必填项。这里需要说明的是，个人用户注册应当使用身份证号码进行注册，系统将核对身份证号码与姓名是否一致，若一致，则允许用户注册成为正式用户。个人注册界面如图 2-25 所示。

提示方式指的是国家知识产权局专利局提供的发文提醒服务，勾选手机短信提示并填写了手机号码的，在通知书发文日当日，将有手机短信提示发送至该手机号码，提示用户及时接收通知书；勾选了电子邮箱提示并填写了电子邮箱地址的，在通知书发文日当日，将有电子邮件提示发送至该电子邮箱，提示用户及时接收通知书。还需要提醒电子申请用户注意的是，电子邮箱是用户找回密码的唯一途径，填写的电子邮箱应当真实有效。

图 2-24 单击个人注册选项

　　如果身份证号码与姓名不一致，则无法注册成为电子申请用户，如图 2-26 所示。
　　对于无法提供身份证号的，可以在证件类型栏选择"其他证件"，并根据提示分别输入证件名称和证件号码，系统将对使用其他证件注册的用户，生成临时用户代码。注册人还需要邮寄由本人签字或者盖章的身份证明文件复印件至国家知识产权局专利局，由国家知识产权局专利局审查后给予正式的用户代码，如图 2-27 所示。

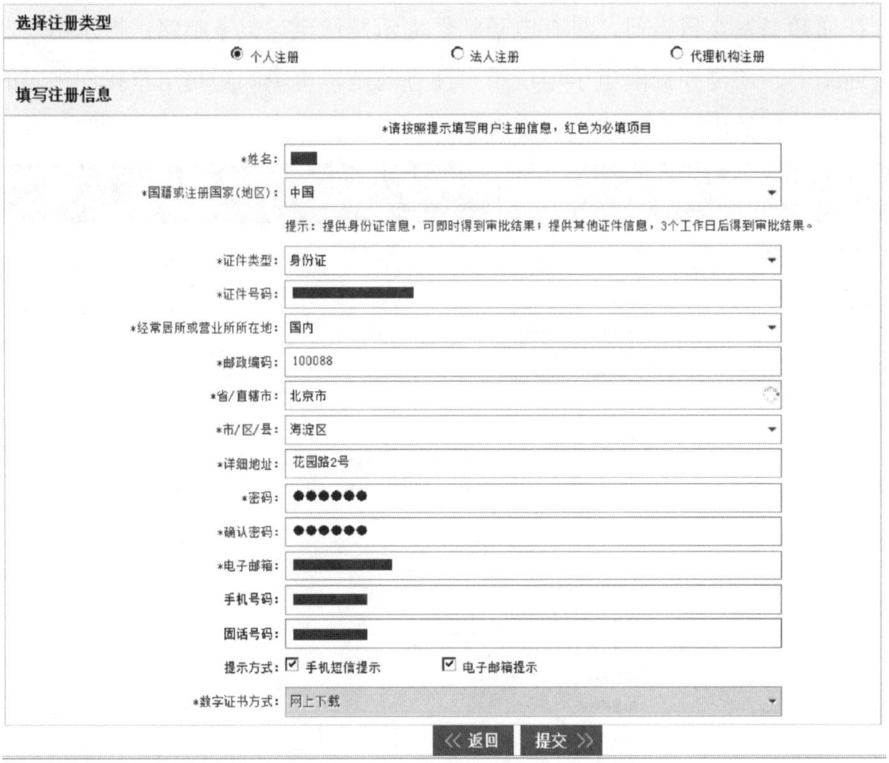

图 2-25　个人注册

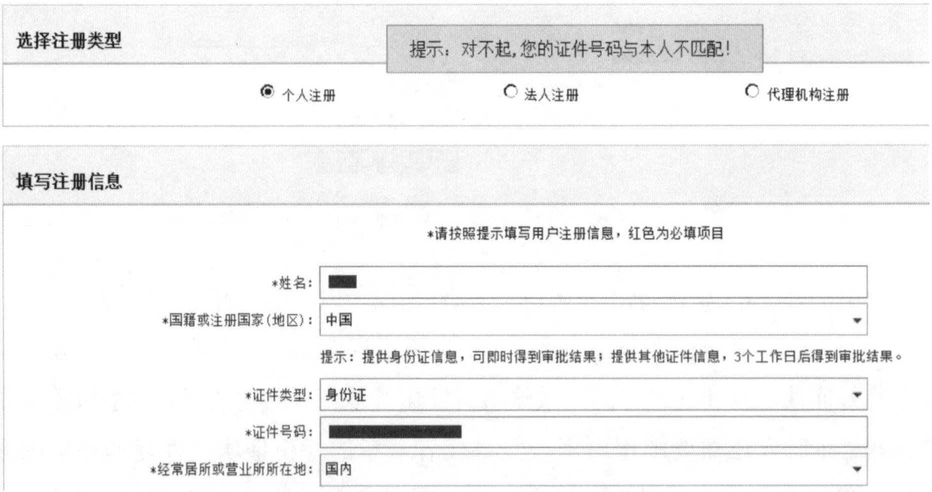

图 2-26　身份证号与姓名不一致提示

图 2-27　其他证件注册

　　如果以法人类型注册的，应当首先在页面最上方选择"法人注册"，待系统打开法人注册的页面后，输入相关信息。需要注意的是：使用组织机构代码或者统一社会信用代码注册的用户，将获得系统自动分配的正式电子申请账户。使用营业执照注册号和其他证件号码注册的用户，将获得临时账户，都需要邮寄注册材料至国家知识产权局专利局办理正式的用户注册手续。

　　对于法人注册的用户，还需要填写联系人的姓名、邮政编码、详细地址、电子邮箱、固话号码、手机号码等信息。其中，联系人姓名、邮政编码、详细地址是必填项。法人注册如图 2-28 所示。

　　如果是代理服务机构注册，应当首先在页面最上方选择"代理机构注册"，待系统打开代理机构注册的页面后，输入相关信息。由于在线业务办理平台与国家知识产权局专利代理管理系统进行了关联,注册人输入 5 位代理机构注册证号后，系统将自动提取并显示相关代理机构信息。需要注意的是，如果有分支机构等情况需要使用 USB-KEY 的，目前仍需要到国家知识产权局专利局受理大厅或专利代办处现场办理。

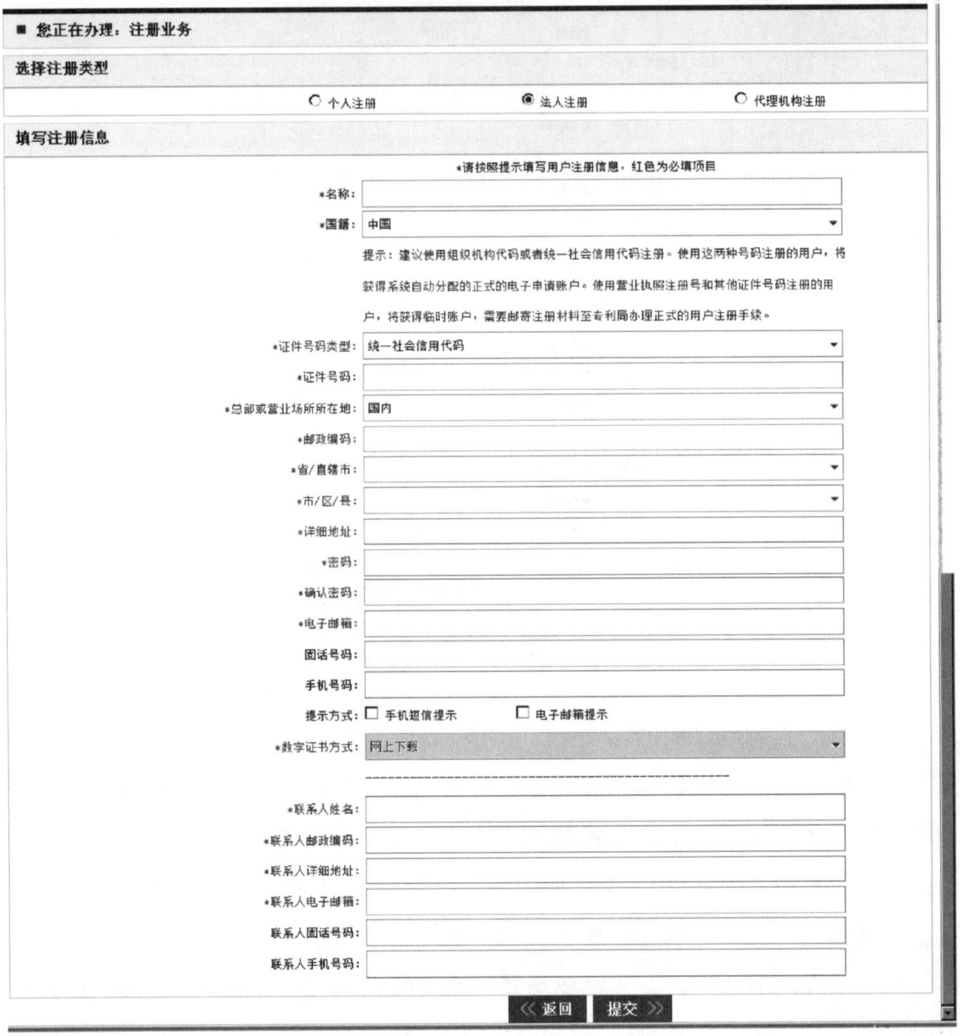

图 2-28　法人注册

（5）所有注册信息填写完成并通过校验后，单击"提交"按钮，系统将返回注册结果。注册成为正式用户的，系统将以电子形式的"专利电子申请用户注册审批通知单"反馈用户账号和用户密码,提示注册请求人注册完成后使用用户账号、密码登录对外服务模块，并可以在"数字证书管理"栏下载和安装数字证书，电子申请用户应当妥善保管用户密码和数字证书。用户注册审批通知单如图 2-29 所示。

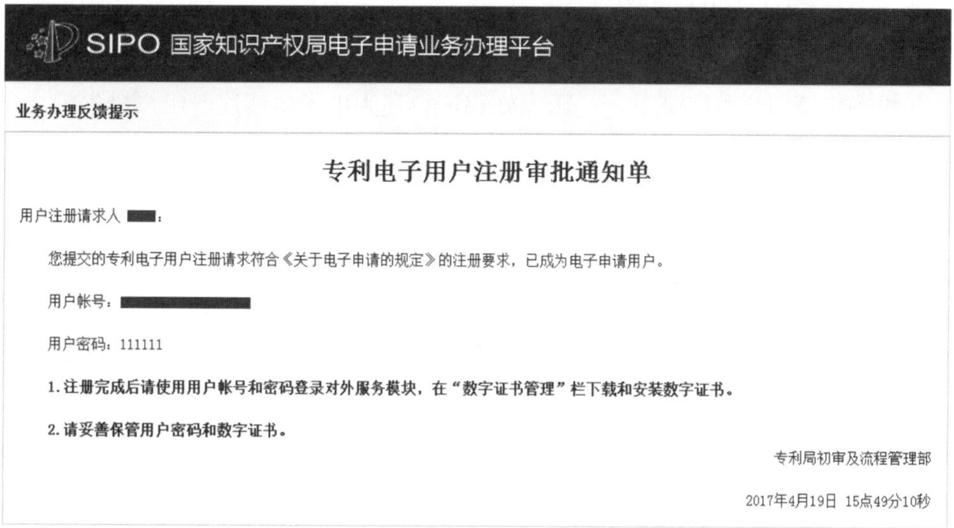

图 2-29　专利电子申请用户注册审批通知单

注册成为临时用户的，系统将返回临时用户账户，并提示注册人应当在15日内将电子申请注册的证明文件邮寄至国家知识产权局专利局，办理正式用户注册手续，如图 2-30 所示。

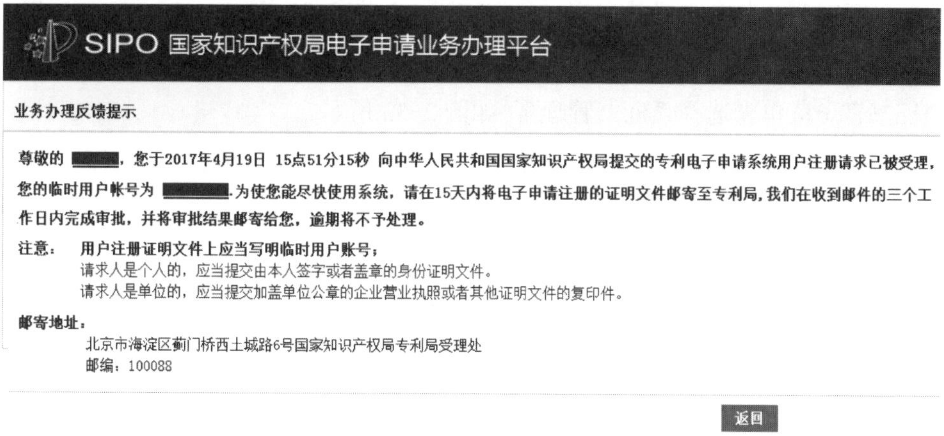

图 2-30　临时用户业务反馈提示

2.5 电子申请用户数字证书

电子申请用户数字证书,是国家知识产权局为电子申请注册用户提供的,在电子形式文件和电子形式通知书或决定传输过程中,保证传输的机密性、有效性、完整性和验证、识别用户身份的电子文档。

《专利法实施细则》第一百一十九条第一款所述的签字或者盖章,在电子申请文件中是指电子签名,电子签名在电子申请系统中是以对数字证书验证实现的,电子申请文件采用的电子签名与纸件文件的签字或者盖章具有相同的法律效力。

注册成为正式电子申请用户后,用户就可以使用用户账号和密码登录中国专利电子申请网站下载数字证书。需要说明的是,数字证书只能下载一次,所以用户下载证书后,应当妥善保管好数字证书,以防丢失。

▶▶ 2.5.1 安装数字证书

数字证书是使用在线业务办理平台提交专利申请和办理相关业务的必要条件,安装和查看数字证书的具体操作如下。

（1）打开中国专利中国专利电子申请网（http://cponline.sipo.gov.cn）,输入用户账号和密码,单击"登录在线平台"按钮,如图 2-31 所示。

（2）登录在线业务办理平台后,在导航菜单栏中选择"其他"菜单,打开"用户证书"子菜单,选择"证书管理",如图 2-32 所示。

（3）在证书信息列表上方,单击"下载证书"按钮,系统提示"正在创建新的 RSA 交换密钥",单击"确定"按钮,系统自动生成和安装证书,如果需要为数字证书设置密码,则单击"设置安全级别"按钮,在弹出的对话框中选择"高"安全级别,单击"下一步"按钮,在弹出的对话框中设置密码,设置完成后,单击"完成"按钮,即完成了对证书密码的设置。单击确定,系统提示"数字证书安装成功",表示已经完成数字证书的下载和安装操作,如图 2-33～图 2-35 所示。

图 2-31　登录在线平台

图 2-32　打开证书管理界面

图 2-33　安装数字证书

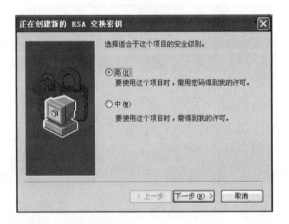

图 2-34　设置安全级别

图 2-35　设置安全密码

（4）电子申请用户下载数字证书后，系统会给出安装成功提示，并将证书状态显示在证书列表里，如图2-36所示。

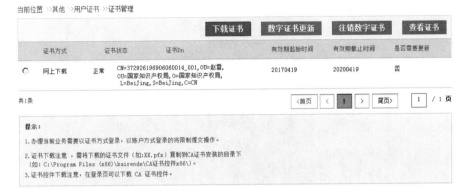

图2-36 数字证书安装成功

▶▶ 2.5.2 查看数字证书

下载的数字证书将自动加载在IE浏览器中。从IE浏览器中可以查看到数字证书。查看数字证书的方法是，在IE浏览器界面菜单中单击"工具"选项，选择"Internet选项"，选择"内容""证书""个人"命令，如图2-37～图2-39所示。

图2-37 数字证书查看（1）

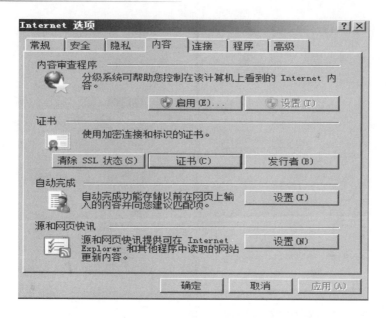

图 2-38　数字证书查看（2）

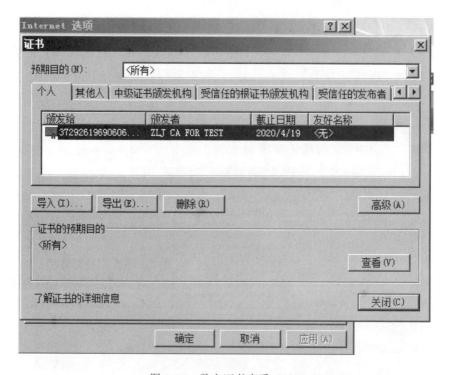

图 2-39　数字证书查看（3）

2.6 用户登录

在线业务办理平台提供了两种登录方式：账号登录和数字证书登录。使用两种方式登录交互式平台后，看到的界面是一样的。两者的差异在于，提交专利申请或办理法律手续业务，需要使用数字证书进行签名的，必须在数字证书登录模式下才能完成。

▶▶ 2.6.1 账号登录

使用账号登录，需要输入用户账号、密码和验证码，如图 2-40 所示。

图 2-40 账号登录界面

为方便企业和专利代理服务机构使用在线电子申请，在线业务办理平台中设置了增加子账户的功能，可以通过设置子账户的方式允许多个用户分功能、分权限地使用在线业务办理平台。

主账户是电子申请注册用户账号，主账户拥有对其名下的专利申请案卷进行操作和使用功能的全部权限。子账户是主账户指定的，根据用户实际需要自行设定的，由主账户赋予其专利申请案卷或部分功能权限的二级账户。子账户具体设置方法详见本书 10.6 节。子账户也可以通过账号登录界面进行登录。

▶▶ 2.6.2 数字证书登录

1. 数字证书登录的范围

使用数字证书登录的，在提交申请或办理法律手续过程中对申请文件进行数字签名时可以直接调用证书进行签名。对于涉及申请权或专利权确立失效、转移等手续的办理，均需要使用数字证书登录方式。主账户分配和设置子账户时，也需要使用证书登录的方式。

使用账户登录的，上述手续的申请文件依然可以制作和暂存，但是系统将不允许提交，仍需要使用数字证书登录进行提交操作。对于不涉及申请权或专利权确立失效、转移的，可以直接使用账户登录的方式进行办理。

在线业务办理平台需要使用数字证书登录方式才能办理的手续或功能，见表 2-1。

表 2-1　使用数字证书可办理的业务及功能

序号	菜单	二级菜单	办理名称
1	新申请办理	新申请办理	发明专利申请
2			实用新型专利申请
3			外观设计专利申请
4			PCT 进入国家阶段发明专利申请
5			PCT 进入国家阶段实用新型专利申请
6	手续办理	著录项目变更	普通变更
7			批量变更
8			第三方变更
9		撤回专利申请声明	撤回专利申请声明
10		放弃专利权声明	主动放弃专利权声明
11			无效宣告放弃专利权声明
12			避免重复授权放弃专利权声明
13		撤回优先权声明	撤回优先权声明
14		发明专利请求提前公布声明	发明专利请求提前公布声明
15		中止程序请求	第三方中止程序请求
16		用户管理	主账户管理
17			子账户管理
18			证书管理

2. 数字证书登录

使用证书登录的，在首次使用前，应当先将数字证书导出，保存到指定的文件目录下。具体操如下。

（1）打开 IE 浏览器，选择"工具"选项，单击"Internet 选项"，如图 2-41 所示。

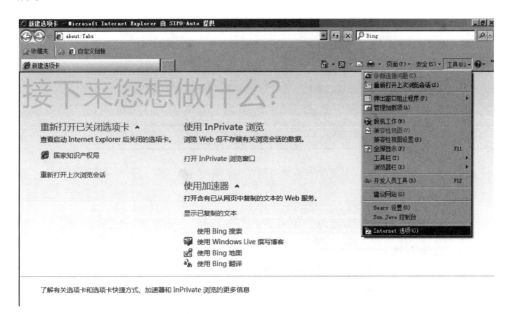

图 2-41　打开 Internet 选项

（2）打开"Internet 选项"中的"内容"标签，单击"证书"按钮，如图 2-42 所示。

（3）进入证书界面，选择对应编号的证书，单击"导出"按钮，如图 2-43 所示。

（4）在弹出的"证书导出向导"界面，单击"下一步"按钮，如图 2-44 所示。

（5）在导出私钥界面上选择"是，导出私钥"，单击"下一步"按钮，如图 2-45 所示。

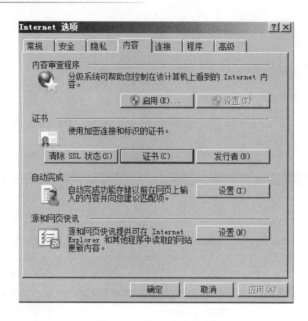

图 2-42　打开内容标签

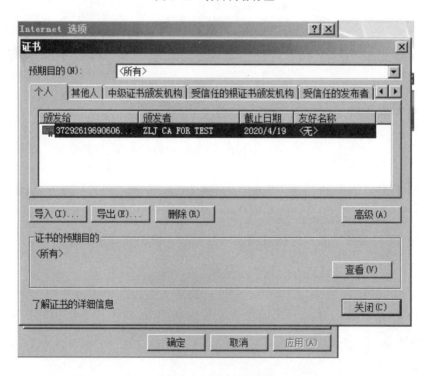

图 2-43　打开证书界面

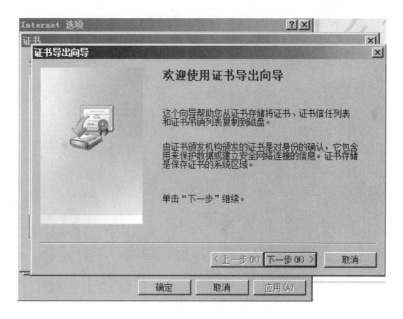

图 2-44 打开证书导出向导

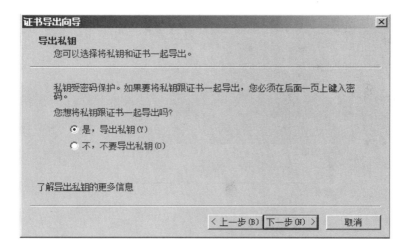

图 2-45 导出私钥

（6）单击"下一步"按钮，如图 2-46 所示。

（7）在密码界面，输入并确认密码，单击"下一步"按钮，如图 2-47 所示。

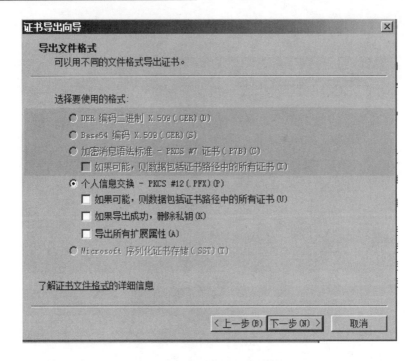

图 2-46　导出证书

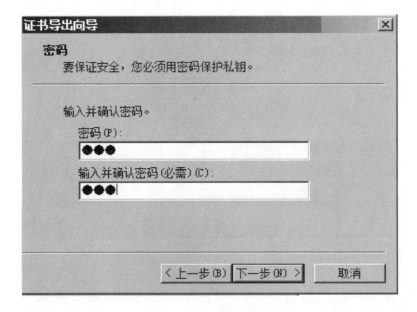

图 2-47　设置密码

（8）填写文件名，单击"下一步"按钮，如图 2-48 所示。

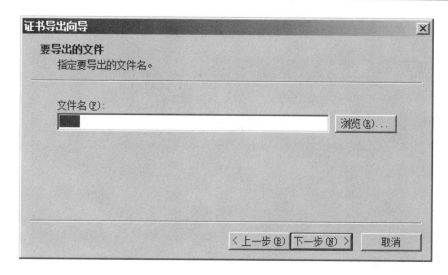

图 2-48　填写文件名

（9）单击"完成"按钮，如图 2-49 所示。

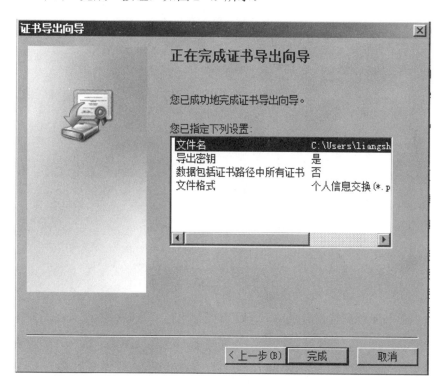

图 2-49　导出完成

（10）单击"确定"按钮，如图 2-50 所示。

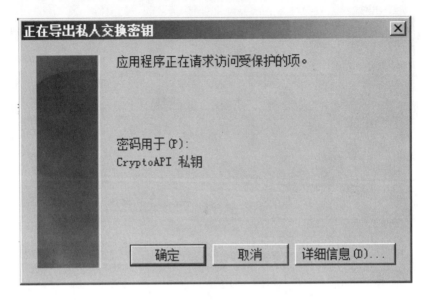

图 2-50 导出确认

（11）在桌面上找到已经保存好的证书，证书应当为".pfx"格式，如图 2-51 所示。

图 2-51 数字证书格式

（12）将证书复制到"C：\Program Files\kairende\CA 证书控件 x86"目录下，证书安装完成，如图 2-52 所示。

数字证书保存到指定目录下后，即可以使用证书登录模式登录在线业务办理平台。登录中国专利电子申请网站，选择"证书登录"模式，选择证书，输入用户账号和证书密码，输入验证码，单击"登录在线平台"，如图 2-53 所示。

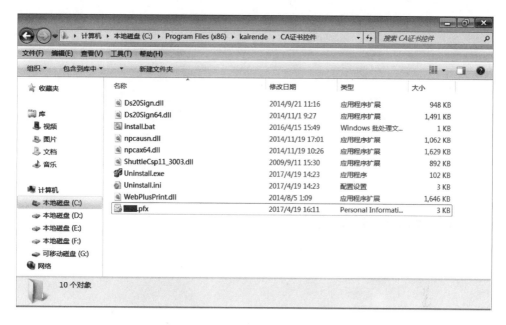

图 2-52 复制数字证书到指定目录

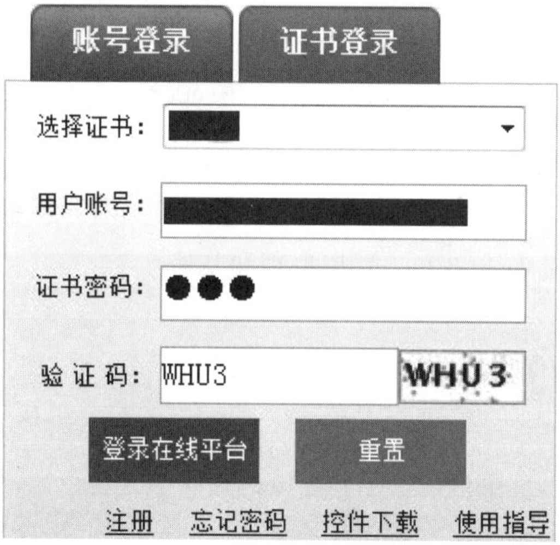

图 2-53 证书登录界面

41

第3章
在线业务办理 平台简介

CHAPTER **3** ▶▶▶

在线业务办理平台，采用了基于浏览器的设计模式，利用专利申请及审批流程中的信息，已初步实现了专利申请业务的在线自助办理。电子申请用户无须具备熟练的专利申请相关知识背景，就可以完成用户注册、申请文件编辑和提交、手续办理、通知书接收与答复、在线缴费、案件管理和电子备案等专利申请相关业务。

在线业务办理平台的基本功能包括：我的案件管理、新申请办理、通知书办理、手续办理、意见陈述/补正、费用办理和其他。

3.1 主界面功能

登录在线业务办理平台后，主界面以白底黑字为主色调，辅助配以蓝色、橙色等按钮，主界面根据功能不同划分为 5 个区域，分别是标题栏、导航菜单栏、快捷工具栏、子菜单栏和用户操作区，如图 3-1 所示。

（1）标题栏。

标题栏位于主界面最上方，电子申请用户通过账号登录或证书登录方式进入主界面后，可以看到"SIPO 国家知识产权局专利电子申请业务办理平台"标题栏，标题栏右侧显示用户名和账号。

图 3-1　在线业务办理平台主界面

（2）导航菜单栏。

导航菜单栏排列在标题栏下方，办理专利申请业务的主要类型分为 7 类，从左往右依次是：我的案件管理、新申请办理、通知书办理、手续办理、意见陈述/补正、费用办理和其他。用鼠标单击相应菜单可以将其激活，用户登录在线业务办理平台时默认激活的是"我的案件管理"菜单。

（3）快捷工具栏。

快捷工具栏位于主界面左侧上部，在"我的案件管理"菜单正下方，包括上传文件管理和题录信息管理两个快捷工具。这两个快捷工具是在线业务办理平台特有的功能入口，解决了同一份文件可方便多次使用的问题。

（4）子菜单栏。

子菜单栏位于主界面左侧下部，是电子申请用户办理具体业务的主要入口。例如，在导航菜单栏单击"新申请办理"，主界面左侧下部的子菜单栏从上往下依次显示的是：发明专利申请、实用新型专利申请、外观设计专利申请、PCT 进入国家阶段发明专利申请、PCT进入国家阶段实用新型专利申请。

（5）用户操作区。

用户操作区位于导航菜单栏下方，是电子申请用户针对具体业务填写或办理的操作区域。

整个平台采用导航菜单栏为导向的设计思路，用户在导航菜单栏的导航下，无须专业的流程人员指导就可以轻松找到需要办理业务的入口。

▶▶ 3.1.1 我的案件管理

登录在线业务办理平台后，默认显示"我的案件管理"菜单界面，或者直接单击"我的案件管理"菜单，激活后的界面如图3-2所示。

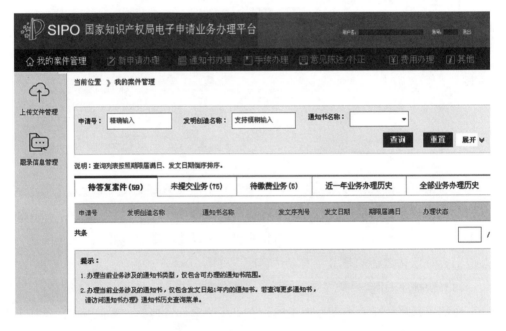

图3-2 "我的案件管理"菜单激活界面

用户操作区分为上下两个部分，上方是查询操作区，该区域的其他查询条件可单击"展开"查看，下方是查询结果显示区域，从左至右依次包括：待答复案件、未提交业务、待缴费业务、近一年业务办理历史、全部业务办理历史。其中，在待答复案件、未提交业务、待缴费业务标签后显示各业务待办的数量。激活"我的案件管理"菜单后,查询结果显示区域默认展示的是待答复案件标签页。用户可以根据需要,选择查看其他标签页下的内容。

1. 查询操作区

查询操作区列出了查询条件选项,包括"申请号""发明创造名称"等。单击"展开",还有"发文序列号""发文日期"和"发文状态"等查询选项。

查询操作区需要配合查询结果显示区域的相应标签来完成查询操作。用户根据自身需要,选择查询结果显示区域的某个标签,然后在查询操作区的查询条件框中输入查询条件,单击"查询"按钮进行查询,该标签就会以列表形式刷新显示符合查询条件的记录信息。

2. 查询结果显示区域

查询结果显示区域的 5 个标签页以列表形式展示,不同标签列表中的记录信息项不相同,分别与其在查询操作区的查询条件相对应。有的标签下方会有相应的业务办理提示。用户通过查看不同的标签页,可以获知所办理的每个业务的期限、费用、状态等重要信息。查询结果显示区域标签页的说明见表3-1。

表 3-1 查询结果分页栏标签说明

案件情况列表	显示内容	排序方式	提供的功能	提示
待答复案件	国家知识产权局专利局发送的发文日起 1 年内的通知书	按照期限届满日、发文日倒序排序	直接查看、答复相应通知书	有
未提交业务	1 个月内申请人已经撰写保存但是未提交的专利申请相关业务	按照修改日期倒序排序	修改、删除	有
待缴费业务	1 个月内申请人待缴费的专利申请案件	按照创建时间倒序排序	单笔缴费、多笔缴费	有
近 1 年业务办理历史	1 年内申请人的专利申请相关业务办理情况	按照提交日期倒序排序	查看 1 年内的业务办理历史详情	无
全部业务办理历史	申请人的所有专利申请相关业务办理情况	按照提交日期倒序排序	定位查看所有业务办理历史	无

3. 上传文件管理

单击"上传文件管理",该页面包括上传文件历史和新增上传文件两个标签页,默认显示上传文件历史标签。

在上传文件历史标签的用户操作区，上方是查询操作区，该区域的其他查询条件可单击"展开"查看，下方是上传文件情况列表区域，提供保存、删除功能，如图 3-3 所示。

图 3-3　上传文件历史标签

在新增上传文件标签的用户操作区，上方是附件和图片上传区域，上传时需要选择文件类型并填写文件说明，下方是上传文件情况列表，提供保存、删除功能，如图 3-4 所示。

4. 题录信息管理

单击"题录信息管理"，页面左侧下部的子菜单栏从上到下依次显示：生物材料样品保藏及存活证明中文题录、在先申请文件副本中文题录、优先权转让证明中文题录、申请权转让证明中文题录、专利权评价报告证明中文题录。在线业务办理平台默认选择生物材料样品保藏及存活证明中文题录业务，用户可以根据需要，选择其他的子菜单办理相应的业务。

图 3-4　新增上传文件标签

在用户操作区上方是查询操作区，该区域的其他查询条件可单击"展开"查看，下方是题录信息列表区域，根据题录信息的不同类型，展示相应记录的信息，所有的题录信息列表均包括修改、删除功能。每种题录信息列表的右上角均有"生成题录"按钮，单击"生成题录"按钮，进入生成题录页面，填写相关信息，单击"保存"按钮，生成的题录信息显示在题录信息列表中，如图 3-5 所示。

图 3-5　题录信息管理页面

►► 3.1.2 新申请办理

单击"新申请办理"菜单，激活后的界面左侧下部出现对应该导航菜单的子菜单栏，从上往下依次显示的是：发明专利申请、实用新型专利申请、外观设计专利申请、PCT 进入国家阶段发明专利申请、PCT 进入国家阶段实用新型专利申请。系统默认选择的是发明专利申请，用户可以根据需要选择其他子菜单办理相应的业务。

用户单击"新申请办理"菜单，在用户操作区上方是查询操作区，该区域的其他查询条件可单击"展开"查看，下方是查询结果显示区域，包括"未提交业务"和"业务办理历史"两个标签页。其中，默认显示的是未提交业务标签。

激活"新申请办理"菜单后的界面如图 3-6 所示。

图 3-6 "新申请办理"菜单激活界面

1. 查询操作区

选择查询结果显示区域的"未提交业务"或"业务办理历史"标签，可以输入一个或多个查询项进行查询，还可以单击"展开"按钮，选择其他的查询条件。

2. 查询结果显示区域

1）未提交业务

未提交业务标签显示申请人正在办理但是未提交的专利申请信息。列表的右上角有"案件导入"和"新申请办理"按钮，单击"案件导入"按钮，可导入电子申请客户端（CPC 客户端）新申请生成的电子案卷数据包（ZIP 格式），导入成功的案件显示在列表最上方。单击"新申请办理"按钮，进入新申请文件编辑页面，该页面以文件编辑分页栏的形式展示用户可以在线编辑的必要文件信息，不同的新申请类型所对应的必要文件信息会有不同。通过这两个入口生成新申请案件信息也在列表中显示，所有记录信息按照修改时间进行倒序排序，列表中的每条记录信息提供修改、删除功能，引导用户继续办理未完成的业务。

以发明专利申请为例，单击"新申请办理"按钮，进入发明专利请求书标签，不同的文件编辑标签有不同的填写要求，申请人可以根据在线编辑器模板和系统小助手的引导完成对应文件信息的输入。请求书标签提供暂存、保存、预览、检验及提交功能，其他的文件编辑标签均提供有保存功能，并且系统定时自动保存，当申请人退出新申请文件编辑页面时，系统自动在未提交业务标签的列表里生成一条记录信息。新申请文件的编辑页面如图 3-7 所示。

2）业务办理历史

业务办理历史标签以列表的形式显示 1 个月内电子申请用户已经成功提交的专利申请案卷信息，列表中的所有记录信息按照提交时间进行倒序排序。

图 3-7　发明专利请求书编辑页面

▶▶ 3.1.3　通知书办理

单击"通知书办理"菜单，激活后界面的左下侧从上往下依次显示的是：通知书接收确认、通知书答复、通知书期限延长、通知书历史查询、纸件通知书申请。系统默认是通知书接收确认业务。

用户单击"通知书办理"菜单，在左侧子菜单栏中选择需要办理的业务，在用户操作区上方是查询操作区，该区域的其他查询条件可单击"展开"查看，下方是查询结果显示区域。激活"通知书办理"菜单后的界面如图3-8所示。

图3-8 "通知书办理"菜单激活界面

1. 通知书接收确认

电子申请用户可以根据需要，选中相应的待接收确认的通知书记录，进行逐个查看后接收确认，或者单击列表右上角的"批量接收确认"按钮进行批量操作，如图3-9所示。需要注意的是，接收确认之后的通知书不再显示在该列表中。

图3-9 通知书接收确认

2. 通知书答复

电子申请用户可以单击列表中某条记录信息的具体通知书名称，通过查看通知书办理答复意见，如图 3-10 所示。单击页面右上角的"业务办理"按钮，下拉框里列出目前可以办理的答复通知书类型，选择相应的可办理的业务名称，系统进入相应的业务办理页面。

图 3-10　通知书查看及答复办理页面

3. 通知书期限延长

通知书期限延长分为普通期限延长和中止期限延长两种业务。选择两种延长业务中的任意一种，单击"查询"按钮，通知书列表及操作区域出现"案件查询结果"和"业务办理历史"两个标签，如图 3-11 所示。

案件查询结果标签列出可能涉及办理延长业务的记录信息，选中列表中的某条记录信息，单击列表右上角的"业务办理"按钮，可进入延长业务办理页面。

业务办理历史标签显示 1 个月内成功办理延长业务的记录信息，列表中的信息按照提交日期进行倒序排序。

4. 通知书历史查询

选择"通知书历史查询"子菜单，单击"查询"按钮，查询结果显示区域包括"近一年通知书"和"全部通知书"两个标签页，系统默认显示"近一年通知书"标签，如图 3-12 所示。

图 3-11　通知书期限延长

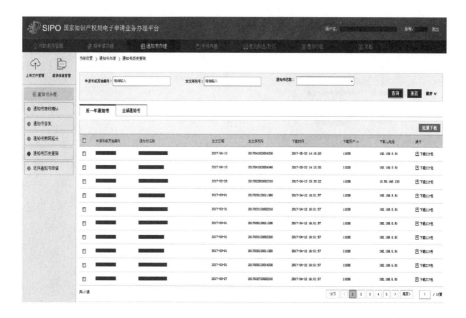

图 3-12　通知书历史查询

"近一年通知书"标签以列表的形式显示 1 年以内的通知书记录信息，提供通知书查看和下载功能。例如，单击某条记录信息的通知书名称，可查看通知书的具体内容。

"全部通知书"标签以列表的形式显示所有的通知书记录信息，同样提供通知书查看和下载功能。需要注意的是，该标签仅支持精确查询，例如，用户在查询操作区输入具体查询条件：申请号或其他编号、发文序列号，方可查询出具体案件的相应通知书。

5. 纸件通知书申请

单击"纸件通知书"子菜单，查询结果显示区域包括"近一年通知书"和"全部通知书"两个标签页，系统默认显示"近一年通知书"标签。

"近一年通知书"标签显示 1 年内接收的通知书列表。选中一条记录信息，单击"发送纸件通知书请求"按钮，可自助办理纸件通知书申请，如图 3-13 所示。

图 3-13　发送纸件通知书申请页

"全部通知书"标签仅支持精确查询，显示某一个专利申请号下所有通知书的信息，单击列表右上角的"发送纸件通知书请求"按钮，完成纸件通知书申请业务。

▶▶ 3.1.4　手续办理

单击"手续办理"菜单，激活后界面的左下侧从上往下依次显示的是：著录项目变更、恢复权利请求（通知书恢复）、恢复权利请求（主动恢复）、延长期限请求、撤回专利申请声明、放弃专利权声明、撤回优先权、提前公布声明、实质审查请求、费用减缴请求、中止程序请求、更正错误请求、更正译文错误请求、专利检索/评价报告、改正优先权、补交修正译文。部分子菜单包含二级子栏目。例如，著录项目变更设置有普通变更、批量变更、第三方变更3个二级子栏目。激活"手续办理"菜单后，系统默认选择的是著录项目变更中的普通变更业务。

用户在子菜单栏中选择需要的业务后,展示的用户操作区分为上下两个部分,上面部分是查询操作区，通常以申请号作为查询条件，查询出需要办理相关手续业务的具体案件记录信息，下面部分是案件列表及操作区域，通常包括"案件查询结果"和"业务办理历史"两个标签。其中，案件查询结果标签列表的右上角提供有"业务办理"按钮，引导用户对在子菜单栏选中的相应手续业务进行自助办理，如著录项目变更等。激活"手续办理"菜单后的界面如图3-14所示。

图3-14 "手续办理"菜单激活页面

▶▶ **3.1.5 意见陈述/补正**

单击"意见陈述/补正"菜单,激活后界面的左下侧从上往下依次显示的是:答复审查意见、答复补正、主动提出修改、PCT 进入前主动提出修改、补充陈述意见、关于费用意见陈述、其他事宜。部分子菜单包含二级子栏目,例如,主动提出修改和 PCT 进入前主动提出修改都包含有二级子栏目。激活"意见陈述/补正"菜单后,系统默认的是答复审查意见业务。

用户在子菜单栏中选择需要的业务后,展示的用户操作区分为上下两个部分,上面部分是查询操作区,该区域的部分查询条件可隐藏可展开,下面部分是案件列表及操作区域,通常包括"案件查询结果"和"业务办理历史"两个标签,其中,案件查询结果标签列表的右上角提供有"业务办理"按钮,引导用户对在子菜单栏选中的相应手续业务进行自助办理,例如答复审查意见等。激活"意见陈述/补正"菜单后的界面如图 3-15 所示。

图 3-15 "意见陈述/补正"菜单激活页面

▶▶ **3.1.6 费用办理**

单击"费用办理"菜单,激活后界面的左侧从上往下依次显示的是:费用减缴请求、关于费用意见陈述、在线支付。激活"费用办理"菜单后,系统默认选择的是费用减缴请求业务。

　　用户在子菜单栏中选择需要的业务后,展示的用户操作区分为上下两个部分,上面部分是查询操作区,该区域以申请号作为唯一的查询条件,下面部分是查询结果显示区域,包括"案件查询结果"和"业务办理历史"两个标签页。其中,"案件查询结果"标签右上角提供"业务办理"按钮,引导用户对在子菜单栏选中的相应手续业务进行自助办理,如费用减缴请求等。激活"费用办理"菜单后的界面如图3-16所示。

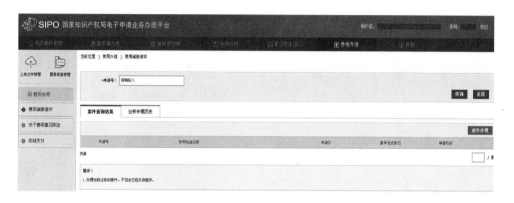

图3-16 "费用办理"菜单激活页面

　　如果用户选择在线支付方式,系统自动跳转到"在线支付—方式选择"页面,用户根据页面引导,自助完成在线支付,如图3-17所示。

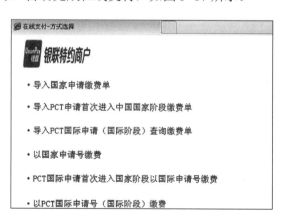

图3-17 在线支付方式选择页面

▶▶▶ **3.1.7　其他**

单击"其他"菜单，激活后界面的左侧从上往下依次显示：我的收藏、离线转在线、电子备案请求、向外国申请专利保密审查请求、优先权文件数字接入服务（DAS）请求业务、用户管理和用户证书。部分子菜单包括二级子栏目。例如，我的收藏下设置有已收藏申请人、已收藏发明人、已收藏联系人 3 个二级子栏目。

激活"其他"菜单后，系统默认选择的是我的收藏中的已收藏申请人业务。激活"其他"菜单后的界面如图 3-18 所示。

图 3-18 "其他"菜单激活页面

1. 我的收藏

我的收藏包括已收藏申请人、已收藏发明人、已收藏联系人 3 个二级子栏目。用户可以对已填写的经常使用的申请人、发明人和联系人信息进行收藏，省去重复填写的麻烦。选择其中任意一个，用户操作区上方是查询操作区，该区域的其他查询条件可单击"展开"查看，下方是查询结果显示区域，列表中的每条记录信息按照修改时间倒序排序，并且有修改、删除功能，在列表右上角有"新增"按钮，单击该按钮进入相应的新增申请人、发明人、联系人编辑页面，如图 3-19 所示。

图 3-19　新增申请人信息页面

2. 离线转在线

离线转在线功能是将原先通过电子申请客户端（CPC 客户端）提交的案件转为在线电子申请。需要注意的是，由离线电子申请转为在线电子申请后，案件不可以再转为离线电子申请。

选择"离线转在线"子菜单，展示的用户操作区上方是查询操作区，该区域的其他查询条件可单击"展开"查看，下方是查询结果显示区域，包括"案件查询结果"和"业务办理历史"两个标签页，其中，查询结果显示区域右上角有"业务办理"按钮，引导用户对离线转在线业务进行自助办理，如图 3-20 所示。

图 3-20　离线转在线办理入口

3．电子备案请求

电子申请用户可以通过电子备案请求完成证明文件备案工作，经过备案的证明文件，可以在专利审查程序中多次重复使用，不必多次提交。选择"电子备案请求"子菜单下的"证明文件备案"，展示的用户操作区上方是查询操作区，该区域的其他查询条件可单击"展开"查看，下方是查询结果显示区域，包括"未提交业务"和"业务办理历史"两个标签页。其中，未提交业务标签列表的右上角有"新备案办理"按钮，引导用户对证明文件备案业务进行自助办理，如图 3-21 所示。

图 3-21　证明文件备案入口页面

业务办理历史标签显示电子申请用户办理电子备案请求业务的记录信息，提供查看、回执、重新备案功能。电子申请用户可选择备案编号查看审批状态。

4．向外国申请专利保密审查请求

需要申请向外国申请专利保密审查的，选择"向外国申请专利保密审查请求"子菜单，展示的用户操作区上方是查询操作区，该区域以申请号作为唯一的查询条件；下方是查询结果显示区域，包括"案件查询结果"和"业务办理历史"两个标签页。其中，案件查询结果标签列表的右上角有"业务办理"按钮，引导用户对保密审查请求业务进行自助办理，如图 3-22 所示。

图 3-22 向外国申请专利保密审查请求业务入口页

5. 优先权文件数字接入服务（DAS）请求业务

选择"优先权文件数字接入服务（DAS）请求业务"子菜单，展示的用户操作区上方是查询操作区，申请号为必填查询条件；下方是查询结果显示区域，包括"案件查询结果"和"业务办理历史"两个标签页。其中，案件查询结果标签列表的右上角有"业务办理"按钮，引导用户对优先权文件数字接入服务（DAS）请求业务进行自助办理，如图 3-23 所示。

图 3-23 优先权文件数字接入服务（DAS）请求业务入口页

6. 用户管理

在线业务办理平台提供主账户和子账户 2 个层级的用户管理功能。主账户是电子申请注册代码，可以拥有其名下专利申请案卷手续办理和系统功能的全部权限。子账户是主账户赋予其专利申请案卷或部分系统功能权限的二级账户。选择"用户管理"子菜单下的"主账户管理"，用户操作区包括"单位代码管理""注册信息修改""密码修改" 3 个标签页，系统默认显示的是单位代码管理标签，该标签的上方是单位代码查询区域，包括单位代码、单位名称、创建代码时间 3 个查询条件，下方是查询结果显示区域，提供修改功能，列表的右上角有"添加单位代码"按钮，单击该按钮则进入添加单位代码页面编辑页面，如图 3-24 所示。"注册信息修改"和"密码修改"标签只能在证书登录情况下进行操作，选择这两个标签，用户操作区显示相应的用户注册信息编辑项或密码信息编辑项。

图 3-24　主账户管理入口页（单位代码管理查询页）

使用子账户管理功能，需要在证书登录情况下操作。选择"子账户管理"，展示的用户操作区上方是查询操作区，该区域的其他查询条件可单击"展开"查看，下方是查询结果显示区域，列表中的每条子账户记录信息均有修改、授权功能。列表的右上角提供有"创建子账户"按钮，单击该按钮则进入子账户创建页面。子账户管理入口页面如图 3-25 所示。

图 3-25　子账户管理入口页

7. 用户证书

用户证书下设置有证书管理和证书权限管理 2 个二级业务树。上述 2 个业务的操作均需要以证书方式登录。

选择证书管理业务，用户操作区以列表的形式显示证书记录信息，列表的右上角设置有"下载证书""数字证书更新""注销数字证书""查看证书"4 个按钮，单击上述按钮进入相应的操作页面。证书管理的入口页面如图 3-26所示。

选择证书权限管理业务，用户操作区分为上下两个部分，上面部分是查询操作区，该区域以申请号和证书 DN 作为查询条件；下面部分是证书信息列表区域，列表的右上角提供有"修改证书权限"和"批量修改证书权限"2 个按钮，单击上述按钮则进入相应的修改操作页面。证书权限管理入口页面如图 3-27 所示。

63

图 3-26　证书管理的入口页

图 3-27　证书权限管理入口页

3.2　平台业务办理范围

在线电子申请是指用户通过电子申请在线业务办理平台提交的专利申请，本节主要介绍通过在线业务办理平台办理的专利申请相关业务及范围。

▶▶ 3.2.1 可办理的新申请类型

针对一项发明创造，首次向国家知识产权局专利局提出申请，称为"新申请"。通过在线业务办理平台办理的新申请类型，包括发明专利申请、实用新型专利申请、外观设计专利申请、PCT 进入国家阶段发明专利申请、PCT 进入国家阶段实用新型专利申请，不包括复审请求、专利权无效宣告请求、行政复议等。针对这些请求，国家知识产权局专利局有专门的渠道接收，本书不作介绍。

1. 发明专利申请

通过在线业务办理平台提交的发明专利申请，应当在线填写发明专利请求书中的所有必要著录项目信息并指定摘要附图图号，还应当在线编辑或在"申请文件"标签上传权利要求书、说明书、说明书摘要，上述必要文件准备齐全之后，在发明专利请求书标签进行预览，通过系统校验后，完成申请文件的提交。如有必要，还应当同时提交说明书附图，涉及核苷酸或氨基酸序列表的还应当在发明专利请求书相应填写项中上传说明书核苷酸或氨基酸序列表。

另外，还可以通过案件导入的方式，导入电子申请客户端（CPC 客户端）新申请生成的电子案卷数据包（ZIP 格式），可导入范围包括发明专利请求书、权利要求书、说明书、说明书附图、说明书摘要。

2. 实用新型专利申请

通过在线业务办理平台提交的实用新型专利申请，应当在线填写实用新型专利请求书中的所有必要著录项目信息并指定摘要附图图号，还应当在线编辑或在"申请文件"标签上传权利要求书、说明书、说明书附图、说明书摘要，上述必要文件准备齐全之后，在实用新型专利请求书标签进行预览，通过系统校验后完成申请文件的提交。

另外，还可以通过案件导入的方式，导入电子申请客户端（CPC 客户端）新申请生成的电子案卷数据包（ZIP 格式），可导入范围包括实用新型专利请求书、权利要求书、说明书、说明书附图、说明书摘要。

3. 外观设计专利申请

通过在线业务办理平台提交的外观设计专利申请，应当在线填写外观设计专利请求书中的所有必要著录项目信息，还应当上传外观设计图片或照片，以及在线编辑外观设计简要说明。上述必要文件准备齐全之后，在外观设计专利请求书标签进行预览，通过系统校验后，完成申请文件的提交。

另外，还可以通过案件导入的方式，导入离线 CPC 客户端新申请生成的电子案卷数据包（ZIP 格式），可导入范围包括外观专利请求书、外观设计简要说明、外观设计图片。

4. PCT 进入国家阶段发明专利申请

通过在线业务办理平台提交的进入国家阶段的发明专利申请，应当在线填写国际阶段声明（PCT）中的所有必要著录项目信息，还应当在线编辑或在"申请文件"标签上传权利要求书、说明书、说明书摘要。上述必要文件准备齐全之后，在国际阶段声明（PCT）标签进行预览，通过系统校验后，完成申请文件的提交。如有必要，还应当同时提交说明书附图及摘要附图，涉及核苷酸或氨基酸序列表的还应当在国际阶段声明（PCT）标签的相应填写项中上传说明书核苷酸或氨基酸序列表。

另外，还可以通过案件导入的方式，导入电子申请客户端（CPC 客户端）新申请生成的电子案卷数据包（ZIP 格式），可导入范围包括国家阶段声明、权利要求书、说明书、说明书附图、说明书摘要、摘要附图。

5. PCT 进入国家阶段实用新型专利申请

通过在线业务办理平台提交的进入国家阶段的实用新型专利申请，应当在线填写国际阶段声明（PCT）中的所有必要著录项目信息，还应当在线编辑或在"申请文件"标签上传权利要求书、说明书、说明书附图、说明书摘要。上述必要文件准备齐全之后，在国际阶段声明（PCT）标签进行预览，通过系统校验后，完成申请文件的提交。

另外，还可以通过案件导入电子申请客户端（CPC 客户端）新申请生成的电子案卷数据包（ZIP 格式），可导入范围包括国家阶段声明、权利要求书、说明书、说明书附图、说明书摘要、摘要附图。

▶▶ 3.2.2 专利申请审查中涉及的业务

在专利审批程序中，申请人根据《专利法》及其实施细则的规定或者《审查指南》的要求，还需要办理各种与该专利申请相关的事务，主要涉及手续类、意见陈述/补正类、费用类业务。

1. 手续类

手续类的业务包括：著录项目变更、恢复权利请求（通知书恢复）、恢复权利请求（主动恢复）、延长期限请求、撤回专利申请声明、放弃专利权声明、撤回优先权、提前公布声明、实质审查请求、费用减缴请求、中止程序请求、更正错误请求、改正译文错误请求、专利检索/评价报告、改正优先权、补交修正译文。

2. 意见陈述/补正类

意见陈述/补正类业务包括：答复审查意见、答复补正、主动提出修改、PCT进入前主动提出修改、补充陈述意见、关于费用意见陈述。

3. 费用类

费用类业务包括：费用减缴请求、关于费用意见陈述、在线支付。

上述专利申请审查中涉及的业务在在线业务办理平台中均有相应的业务办理入口，详见后面章节的介绍。其中，费用减缴请求和关于费用意见陈述这两个业务分别设有两个办理入口，用户从任意一个业务办理入口进入均可办理此项业务。

▶▶ 3.2.3 其他附加业务

如果申请人提交离线电子申请转在线电子申请、电子备案请求、向外国申请专利保密审查、优先权文件数据接入服务（DAS）请求等业务时，可以选择在线业务办理平台的"其他"菜单下找到相应的业务办理入口。

1. 离线转在线

离线转在线功能是将原先通过电子申请客户端（CPC客户端）提交的案件转为在线电子申请。需要注意的是，由离线电子申请转为在线电子申请后，案件不可以再转为离线电子申请。

2. 电子备案请求

通过电子备案请求，申请人可以实现总委托书、PCT 申请进入国家阶段申请权转让证明、优先权转让证明、解除/辞去委托证明、工商管理部门出具的关于企业更名的证明文件、户籍管理部门出具的证明、登记管理部门或民政部门出具的关于事业单位或社会团体更名的证明文件、上级主管部门签发的证明文件、企业注销的证明文件、有关公司合并或分立的证明文件、破产清算的详细财产分配情况证明、公证机关证明继承人合法地位的公证书、身份证明文件的公证文件、双方当事人签字或者盖章的赠与合同、商务部门出具的技术出口证明、关于改正译名错误的声明、专利申请权或专利权转移协议或转让合同、生物材料保藏证明、生物材料存活证明、工商行政管理部门出具的企业组织形式改变的证明文件、上级主管部门作出的改变企业组织形式的批示和其他证明等 22 种证明文件的电子备案请求。

电子备案解决了一份文件多次使用的问题，有效地提高了文件使用率，节省了操作时间。

3. 向外国申请专利保密审查请求

办理向外国申请专利保密审查请求的相关业务。根据《专利法》及其实施细则的规定，任何单位或者个人将在中国完成的发明或者实用新型向外国申请专利的，应当请求国家知识产权局专利局进行保密审查。

4. 优先权文件数字接入服务（DAS）请求业务

根据国家知识产权局第 169 号公告，自 2012 年 3 月 1 日起，优先权文件数字接入服务正式开通。该服务的主要内容为：申请人向首次局（Office of First Filing，OFF）提出交存优先权文件的请求，由首次局向 DAS 认可的数字图书馆交存该优先权文件、生成接入码并向国际局注册；之后，申请人向二次局（Office of Second Filing，OSF）提出查询优先权文件的请求，由二次局通过国际局从首次局获得该优先权文件，从而替代传统纸件优先权文件的出具及提交，即相当于满足了《保护工业产权巴黎公约》提交优先权文件的要求。

第4章
新申请办理

CHAPTER **4** ▶▶▶

针对一项发明创造，首次向国家知识产权局专利局提出的申请，称为"新申请"。在线业务办理平台中的新申请办理既包括普通国家申请的发明专利、实用新型专利、外观设计专利申请，还包括国际申请进入中国国家阶段的发明专利和实用新型专利申请（在线业务办理平台显示为 PCT 进入国家阶段发明专利申请和 PCT 进入国家阶段实用新型专利申请），不包括复审请求、无效宣告请求、国际申请、集成电路布图设计、行政复议等，针对这些请求，国家知识产权局专利局另有相应渠道接收，本书不作介绍。电子申请不接收保密专利申请文件，任何单位和个人认为其专利申请需要按照保密专利申请处理的，不得通过本平台提交。

本章主要介绍的新申请，即发明、实用新型、外观设计专利申请以及国际申请进入中国国家阶段的发明专利或实用新型专利申请必要文件的编辑。电子申请用户在制作上述各类新申请时，应当完整地提交所需的必要文件。

申请发明专利，应当提交发明专利请求书、权利要求书、说明书、说明书摘要，必要时应当同时提交说明书附图和摘要附图，涉及核苷酸或氨基酸序列表的应当同时提交说明书核苷酸或氨基酸序列表。申请实用新型专利，应当提交实用新型专利请求书、权利要求书、说明书、说明书附图、说明书摘要、摘要附图。申请外观设计专利，应当提交外观设计专利请求书、外观设计图片或照片及外观设计简要说明。

国际申请进入中国国家阶段的发明专利或实用新型专利，国际申请是以外文提出的，应当提交国际申请进入国家阶段声明、原始国际申请的权利要求书、说明书、说明书摘要的译文。译文与原文明显不符的，该译文不作为确定进入日的基础，必要时应当同时提交说明书附图和摘要附图，涉及核苷酸或氨基酸序列表

的，应当同时提交说明书核苷酸或氨基酸序列表；国际申请是使用中文完成国际
公布的，应当提交国际申请进入国家阶段声明、说明书摘要及摘要附图（有摘要
附图时）的副本，不需要提交说明书、权利要求书及附图的副本。但是，以中文
提出的国际申请在完成国际公布前，申请人请求提前处理并要求提前进行国家公
布的，应提交原始申请的说明书、权利要求书及附图（有附图时）的副本。

电子申请用户提交的专利申请文件中如果缺少必要文件，在线业务办理平台
将明确告知不予受理。

4.1 编辑新申请文件的入口

在导航菜单栏单击"新申请办理"，页面初始显示为发明专利申请，电子申请
用户可在左侧导航子菜单栏中选择需要制作的新申请类型，其中包括发明专利申
请、实用新型专利申请、外观设计专利申请、PCT 进入国家阶段发明专利申请和
PCT 进入国家阶段实用新型专利申请。页面右侧为用户操作区，提供案件信息查
询功能。发明专利新申请业务办理入口页面如图 4-1 所示。在"未提交业务"页
签，选择"新申请办理"，进入发明专利请求书编辑页面。

图 4-1　发明专利新申请业务办理入口页面

▶▶ 4.1.1 业务查询

用户编辑或导入新申请文件后，可在"未提交业务"查询列表中查看未提交文件，选择具体案件进行修改或删除操作。查询列表按照修改时间倒序排列。查询条件包括电子申请案卷编号、内部编号、发明创造名称，选择"展开"，还有创建时间、修改时间等查询项。查询范围限定为当前选择的新申请办理类型，其中电子申请案卷编号不同于申请号，是电子申请用户在线办理业务时由系统自动分配，用于识别办理具体某项业务的唯一编号；内部编号是供代理机构账户内部标识使用，非必填选项，也不进入审查流程，系统限定其字符长度为15位；发明创造名称支持模糊输入。选择"重置"，将清空查询条件内容。

用户编辑并提交新申请后，可在"业务办理历史"中查看已提交文件，查询结果仅包含1个月内的新申请办理记录，用户在"我的案件管理"菜单中可查看更多业务办理历史。查询条件包括电子申请案卷编号、内部编号、申请号，选择"展开"，还有发明创造名称、创建时间、提交时间等查询项，查询范围限定为当前选择的新申请办理类型，发明创造名称支持模糊输入。选择"重置"，将清空查询条件内容。

▶▶ 4.1.2 案件导入

如果电子申请用户已使用离线电子申请导出新申请电子案卷数据包（ZIP 格式），可选择"案件导入"功能，选择要导入的案卷包，如图4-2所示，将案卷包导入在线业务办理平台，导入成功的案件显示在列表最上方，选择"修改"可以对申请文件进行编辑。

从电子申请客户端导出的新申请电子案卷数据包可以导入本平台的文件范围为：发明专利申请包含发明专利请求书、说明书、权利要求书、说明书附图和说明书摘要；实用新型专利申请包含实用新型专利请求书、说明书、权利要求书、说明书附图、说明书摘要和摘要附图；外观设计专利申请包含外观专利请求书、外观设计简要说明、外观设计图片及照片；PCT 进入国家阶段发明专利申请包含PCT 进入国家阶段声明请求书、说明书、权利要求书、说明书附图和说明书摘要；PCT 进入国家阶段实用新型专利申请包含 PCT 进入国家阶段声明请求书、说明书、权利要求书、说明书附图、说明书摘要。

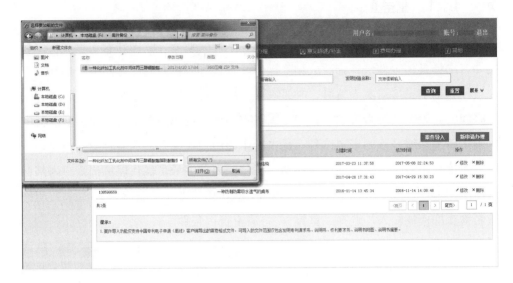

图 4-2　导入案件包

电子申请用户在本平台下载的在线电子申请数据包（ZIP 格式）也可以使用案卷导入功能，操作方法如上。

►► 4.1.3　案卷下载

电子申请用户提交新申请后，可在"业务办理历史"中查看案件信息，如图 4-3 所示，单击"业务名称"栏下的专利类型名称。

图 4-3　查看已提交案件信息

弹出页面初始显示请求书内容，用户可通过选择左侧文件名称，查看其文件内容；选择页面右上角"下载案卷包"功能，如图4-4所示，可将该案卷数据包下载到本地保存。

图4-4 查看已提交文件内容

4.2 请求书的编辑

电子申请用户在导航菜单栏单击"新申请办理"，进入专利请求书编辑页面，系统自动赋予电子申请案卷编号。在线业务办理平台中的请求书没有采用传统的框线式表格样式，而是提供信息项供用户填写，其中发明专利申请（实用新型专利申请）中的发明名称（实用新型名称）、发明人和申请人，外观设计专利申请中的使用外观设计的产品名称、设计人和申请人，PCT进入国家阶段发明专利申请（PCT进入国家阶段实用新型专利申请）中的国际申请号、国际申请日、发明名称（实用新型名称）、发明人和申请人等数据内容均为必填项，使用代理机构账户提交新申请，代理人为必填项。

在线业务办理平台可对所填写的请求项信息进行校验，如果用户填写数据有误，系统会进行提示。提示信息根据数据缺陷严重情况分为两类，黄色提示文字代表数据存在缺陷，需要用户进行修改，如果用户忽略提示信息，不对文件内容进行修改，可以提交文件；红色提示文字代表数据存在严重缺陷，用户必须修改合格后，才能提交文件。为简洁页面布局，请求书部分内容采用折叠形式，用户点击蓝色三角图标，页面显示/隐藏更多数据内容。

电子申请用户在填写请求书内容时，可随时选择"暂存"或"保存"功能，两者的区别在于选择"暂存"，系统不对填写内容进行校验，选择"保存"，系统保存信息的同时推送相关校验信息。

▶▶ 4.2.1 发明专利请求书

选择"发明专利申请"编辑时，系统默认"发明专利请求书"页签，如图4-5所示。

图 4-5 发明专利请求书编辑页面

1. 内部编号

使用代理机构账户登录编辑请求书，显示内部编号信息项，如图4-6所示，其他类型账户登录平台，请求书不显示此信息项。鼠标在问号处悬停，显示此信息项释义。

图4-6 内部编号

2. 发明名称

鼠标在输入框上方悬停，页面显示发明名称填写要求，发明名称应当简短、准确，一般不要超过25个字，请求书中的发明名称应与说明书中填写的发明名称一致。发明名称中不要输入问号、句号、回车符、省略号、惊叹号等内容。如果发明名称中需要使用上下角标，用户输入发明名称后，选择"生成角标"按钮，显示"生成上角标"和"生成下角标"。以生成上角标为例，选择要生成上角标的名称，再选择"生成上角标"按钮，即生成上角标，如图4-7所示。

图4-7 发明名称生成角标

3. 发明人

发明人应当是自然人，不能填写为单位或者集体，例如"××课题组、××公司"等。发明人应当使用真实姓名，不得使用笔名或者其他非正式姓名，姓名中不能含有学位职务等称号。发明人信息项如图4-8所示。

序号	姓名	国籍或地区	居民身份证件号码	是否公布	操作
1	▮▮	中国	▮▮▮▮▮▮▮	是	✎修改 ✕删除 上移 下移
					✚新增 ✚选择新增

图4-8 发明人信息项

1)"新增"发明人

在发明人列表右下方,选择"新增"按钮,系统弹出新增发明人页面。输入发明人的相关信息,其中第一发明人的国籍为必填项,如果第一发明人国籍为中国,必须填写身份证号或其他证件号码,如图4-9所示,用户保存请求书信息时,系统将对身份证信息进行验证。

发明人可以请求国家知识产权局不公布其姓名。若请求不公布姓名,勾选不公布姓名标识。如果发明人是外国人,姓名为英文且无统一译文,可在"姓名(英文)"项中注明。

发明人姓名中有圆点,如 M·琼斯,圆点应置于中间位置,用户可在微软拼音输入法中文模式下,同时按下"Shift"和"2"键,输入符合规定的圆点。

图4-9　新增发明人页面

发明人可以通过上传或撰写的功能,在"附加文件"中提交发明人证件的扫描件,如图4-10所示。

图 4-10 发明人提交附加文件

上传文件为 JPG 图片、TIF 图片的，选择"撰写"，在下拉菜单中选择上传文件类型，如身份证、户口簿、护照等，系统弹出上传文件管理页面，如图 4-11 所示，页面左侧显示操作提示，如支持上传图片格式和图片尺寸等内容。选择"新增"，增加一条记录，系统按顺序给出默认图号，用户可以更改图号，图号必须为数字或数字与字母的组合。图注为非必填项，方便用户对图片内容进行标注。选择"上传"，可在本地计算机中找到待上传图片，选择"打开"，预览文件内容，选择"确定"，即图片上传成功，页面右侧显示已上传图片。选择"重上传"可选择新文件来替换已上传图片。重复上述操作可以增加新的图片。选择"保存"按钮，系统保存上传文件并返回至修改发明人页面；选择"返回"按钮，系统提示"是否要退出编辑"，选择"确认"按钮，系统不保存已上传文件并返回至修改发明人页面。

上传文件为 PDF 或用户之前已使用上传文件管理功能，将身份证、户口簿、护照等文件上传至其他证明文件的，选择"上传"，在下拉菜单中选择上传文件类型，系统弹出上传文件管理页面。在"上传文件历史"中可以使用文件名称、上传时间和文件说明查询已上传文件，如图 4-12 所示。单击列表中"其他证明文件"高亮文字，文件为 JPG 图片、TIF 图片的，系统弹出预览页面，并提供下载功能；文件为 PDF 格式的，系统弹出文件下载功能，用户可选择直接打开或下载到本地。确定文件内容，选中文件对应的单选框，单击"确认"保存该文件。

图 4-11　上传文件管理

图 4-12　上传文件历史查询

在"新增上传文件"标签中可以上传 PDF 格式的证明文件，选择"上传附件"，在本地计算机中找到待上传文件，选择"打开"，系统提示上传成功后，文件将出现在下面的列表中，如图 4-13 所示，选中文件对应的单选框，选择"确认"保存该文件。

图 4-13　新增上传文件

证明文件已经在国家知识产权局专利局备案的，可以在证明文件备案中选择"添加"，如图 4-14 所示，输入备案号，单击"查询"按钮，选中查询结果后单击"确定"。

图 4-14　证明文件备案

填写完发明人信息后，可单击"收藏"按钮，可以将发明人的信息收藏，便于下次调用。如果需要对发明人信息进行修改，可以选择导航菜单栏中"其他"下的"我的收藏"子菜单，单击"已收藏发明人"进行修改或删除操作；重复上述操作可以增加新的发明人。

2）"选择新增"发明人

在发明人列表右侧，选择"选择新增"按钮，系统弹出选择新增发明人页面，以列表形式展示该账户已收藏的发明人信息，用户可以使用发明人姓名、发明人英文名、证件类型、证件号码、发明人国籍和是否公开姓名等信息进行查询，如图 4-15 所示。用户勾选一个或多个发明人后，选择"确定"按钮，新增的发明人显示在发明人列表中，用户可以进行内容修改、删除和重新排序。

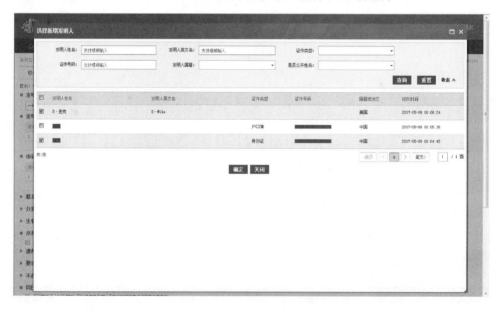

图 4-15　选择新增发明人页面

请求书中有多个发明人时，如果需要重新确定发明人顺序，选择"上移"或"下移"按钮即可进行排序调整。如果需要删除发明人信息，选择"删除"即可。

4. 申请人

申请人是自然人的，应当使用真实姓名，不得使用笔名或者其他非正式姓名，姓名中不能含有学位职务等称号；申请人是单位的，应当填写单位正式全称。非代理机构账户登录并提交新申请的，该账户对应的自然人或单位应为申请人或申请人之一。申请人信息项，如图 4-16 所示。

图 4-16　申请人列表

1)"新增"申请人

在申请人列表右侧，选择"新增"按钮，系统弹出新增申请人页面，如图 4-17 所示。用户输入申请人的相关信息，其中姓名或名称、申请人类型、国籍或注册国家（地区）、经常居所地或营业所所在地、详细地址、邮政编码信息为必填项。用户代码即电子申请用户账号。在线业务办理平台将对申请人姓名或名称与身份证号、组织机构代码或统一社会信用代码进行校验。

图 4-17　新增申请人页面

（1）选择代表人：用户必须选择一位申请人作为代表人，不允许指定多个申请人为代表人。非代理机构账户提交的新申请，该账户对应的自然人或单位应指定为代表人。

（2）选择费减请求：申请人已完成费减资格备案的，可以勾选费减请求。如果申请人未完成费减备案或输入的信息与系统数据不一致时，页面显示红色提示信息，电子申请用户应根据提示进行修改；如果部分申请人未完成费减备案或费减备案不合格，应确保所有申请人不勾选费减请求。

第一署名申请人为在中国内地没有经常居所或者营业所的外国人、外国企业、外国其他组织或中国香港、澳门、台湾地区申请人，应当委托专利代理机构。

第一署名申请人为在中国内地有经常居所或者营业所的外国人、外国企业、外国其他组织或中国香港、澳门、台湾地区申请人，未委托专利代理机构的，可在"附加文件"中提交公安部门出具的可在中国居住1年以上的证明文件或有效营业执照的复印件，如图4-18所示。用户也可使用该功能提交加盖单位公章的法人证书、法人代码证或上级主管部门出具的证明，用于自证申请人资格或其他目的。

上传文件为JPG图片、TIF图片的，选择"撰写"，在下拉菜单中选择上传文件类型，如有效营业执照的复印件，系统弹出上传文件管理页面。选择"新增"，增加一条记录，系统按顺序给出默认图号，用户可以更改图号，图号必须为数字或数字与字母的组合。图注非必填项，方便用户对图片内容进行标注。选择"上传"，在本地计算机中找到待上传图片，选择"打开"，预览文件内容，选择"确定"，即图片上传成功，页面右侧显示已上传图片，如图4-19所示。选择"重上传"，可选择新文件来替换已上传图片。重复上述操作可以增加新的图片。选择"保存"，系统保存上传文件并返回至修改申请人页面；选择"返回"，系统提示"是否要退出编辑"，选择"确认"，系统不保存已上传文件并返回至修改申请人页面。

上传文件为PDF或用户之前已使用上传文件管理功能，将公安部门出具的可在中国居住1年以上的证明文件或有效营业执照的复印件等文件上传至其他证明文件的，选择"上传"，在下拉菜单中选择上传文件类型，系统弹出上传文件管理页面。在"上传文件历史"标签中可以使用文件名称、上传时间和文件说明查询已上传文件，如图4-20所示。单击列表中"其他证明文件"高亮文字，文件为JPG图片、TIF图片的，系统弹出预览页面，并提供下载功能；文件为PDF格式的，系统弹出文件下载功能，用户可选择直接打开或下载到本地计算机。

图 4-18　申请人提交附加文件

图 4-19　上传文件管理

图 4-20　上传文件历史查询

在"新增上传文件"标签中可以上传 PDF 格式的证明文件，选择"上传附件"，在本地计算机中找到待上传文件，选择"打开"，如图 4-21 所示。系统提示上传成功后，文件将出现在下面的列表中，选中文件对应的单选框，选择"确认"保存该文件。

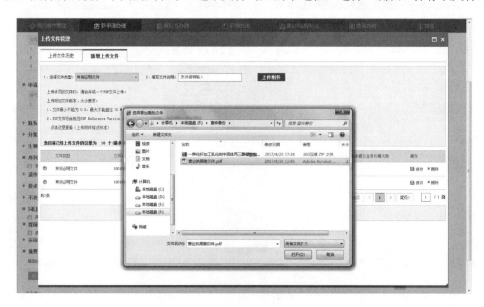

图 4-21　新增上传文件

证明文件已经在国家知识产权局专利局备案的，可以在证明文件备案中选择"添加"，如图 4-22 所示。输入备案号，单击"查询"按钮，选中查询结果后单击"确定"按钮。

图 4-22 证明文件备案

填写完申请人信息后，单击"收藏"按钮，可以将申请人的信息收藏，便于下次使用。如果需要对申请人信息进行修改，可以选择导航菜单栏中"其他"下的"我的收藏"子菜单，单击"已收藏申请人"进行修改或删除操作；重复上述操作可以增加新的申请人。

2）"选择新增"申请人

在申请人列表右下方，选择"选择新增"按钮，系统弹出选择新增申请人页面，以列表形式展示账户已收藏的申请人信息，用户可以使用申请人姓名、用户代码、申请人类型、证件类型、证件号码、申请人国籍和修改时间等信息进行查询，如图 4-23 所示。用户勾选一个或多个申请人后，选择"确定"按钮，新增的申请人显示在申请人列表中，用户可以进行内容修改、删除和重新排序。

图 4-23 选择新增申请人页面

请求书中有多个申请人时，如果需要重新确定申请人顺序，选择"上移"或"下移"按钮即可进行排序调整。如果需要删除申请人信息，选择"删除"即可。

5. 联系人

申请人是单位且未委托专利代理机构的，应当填写联系人，并输入联系人详细地址、邮政编码、电子邮箱和电话等信息。联系人只能为一个自然人，如图 4-24 所示。申请人为自然人且需要由他人代收国家知识产权局专利局所发信函的，也需要填写联系人。

图 4-24　联系人信息项

选择联系人。如果联系人是申请人之一的，可单击"选择"按钮，系统弹出"从已填写申请人中选择"框，如图 4-25 所示，选择申请人，如选择第 1 申请人，第 1 申请人信息自动填写到联系人信息项中。

图 4-25　选择联系人窗口

从已收藏的联系人添加。选择从"从已收藏的联系人中添加"，系统弹出选择新增联系人页面，如图 4-26 所示，选择要新增的联系人，单击"确定"按钮，新增的联系人显示在联系人信息项中。

当填写完信息后，可单击"收藏"按钮，可以将联系人的信息收藏，如果需要对联系人信息进行修改，可以选择导航菜单栏中"其他"下的"我的收藏"子菜单，单击"已收藏联系人"进行修改或删除操作。

图 4-26 从已收藏的联系人添加

6. 专利代理机构

通过代理机构账户登录时才显示该项内容。电子申请用户在专利代理机构项中勾选"声明已经与申请人签订了专利代理委托书且本表中的信息与委托书中相应信息一致"后,在下拉菜单中选择代理人,如图 4-27 所示。

图 4-27 专利代理机构信息项

在专利代理机构右侧选择"附加文件"按钮,系统弹出上传文件管理页面,如图 4-28 所示。

图 4-28 附加文件页

单击"撰写",选择专利代理委托书,进入撰写专利代理委托书页面,填写专利代理委托书相关信息,其中委托人为必填项,如图 4-29 所示。选择"上传图片"标签,上传专利代理委托书图片。电子申请用户可单击蓝色"专利代理委托书",预览专利代理委托信息和扫描文件,选择"修改"或"删除"按钮,可以修改或删除专利代理委托书信息。专利代理委托书已经备案的,可以使用证明文件备案功能,填写的专利代理委托信息应与专利代理委托书扫描文件内容一致。

图 4-29　撰写专利代理委托书页面

7. 分案申请

编辑的新申请是分案申请时,单击"分案申请",页面显示分案申请信息项,填写"原申请号",系统显示"申请号""发明名称"和"申请日"信息,选择申请号高亮文字,系统自动显示原申请日,如图 4-30 所示。分案申请不能改变原申请的类别,分案申请的发明人应当是原申请的发明人或者其中的部分成员。用户输入不存在的申请号,系统提示分案申请不成立,按普通申请受理。

图 4-30　分案申请项

8. 生物材料样品

编辑的发明专利新申请涉及生物材料样品时，单击"生物材料样品"，页面显示生物材料样品信息项，如图4-31所示。

图 4-31　生物材料样品信息项

1) 新增生物材料样品

在生物材料样品列表右侧，单击"新增"按钮，弹出新增生物材料样品页面，填写生物材料样品的保藏编号、保藏单位代码、保藏日期、保藏地址等相关信息，其中保藏单位代码在下拉菜单中选择，如图4-32所示。单击"保存"按钮，新增的生物材料样品信息显示在生物材料样品列表中，用户可以进行修改或删除操作。

图 4-32　新增生物材料样品页面

2）新增生物材料样品保藏及存活证明中文题录

根据《专利法实施细则》第二十四条的规定，提交生物材料样品保藏证明和存活证明，其操作是在生物材料样品列表右下方，选择"生物材料样品保藏及存活证明中文题录"按钮，系统弹出新增生物材料样品保藏及存活证明中文题录页面。用户应确定并勾选"申请人提供的中文题录与生物材料样品保藏及存活证明中的信息是一致的"声明项，单击"选择"按钮，选择生物材料样品保藏及存活证明对应的保藏编号，系统自动添加其他相关信息，如图 4-33 所示。

图 4-33　生物材料样品保藏及存活证明中文题录页

用户应确定并勾选"声明出具部门已签字或盖章"项并点击"保存"声明项，通过上传或撰写功能，在附加文件中提交生物材料存活证明或生物材料保藏证明。系统要求用户确定申请人提供的中文题录与生物材料样品保藏及存活证明中的信息是一致的，用户确定后，该中文题录信息保存并显示在页面上方。用户需要编辑多条中文题录，可选择生物材料样品保藏及存活证明信息列表右下方的"新增"按钮，重复上述操作。

3）选择新增生物材料样品保藏及存活证明中文题录

电子申请用户已在"题录信息管理"中"生物材料样品保藏及存活证明中文题录"生成过题录的，可选择列表右侧的"选择新增"按钮，系统弹出生物材料样品保藏及存活证明信息选择新增页面，选择相应题录单击"确定"按钮，如图 4-34 所示。

图 4-34 选择新增生物材料样品题录页面

9. 序列表

在编辑的发明专利新申请涉及核苷酸或氨基酸序列表时，应勾选"本专利申请涉及核苷酸或氨基酸序列表"，如图 4-35 所示。

图 4-35 序列表声明项

单击右侧"附加文件"按钮，系统弹出上传核苷酸序列表附加文件页面，选择列表右上方"上传"按钮，单击核苷酸或氨基酸序列表计算机可读载体，打开上传文件管理页面，选择"上传附件"，上传 TXT 格式文件，系统自动生成说明书核苷酸和氨基酸序列表预览页面，如图 4-36 所示，生成的序列表内容以上传附件记载内容为准。核苷酸或氨基酸序列表只允许上传一份，取消序列表声明勾选项前，应删除已上传的计算机可读载体附件。

10. 遗传资源

发明创造是依赖于遗传资源完成的，应当勾选"本专利申请涉及的发明创造是依赖于遗传资源完成的"声明，并单击"附加文件"，填写遗传资源来源披露登记信息，如图 4-37 所示。

图 4-36　序列表计算机可读载体上传预览页面

图 4-37　遗传资源信息项

单击"新增"按钮后，编辑并保存遗传资源来源披露登记信息，如图 4-38 所示，可重复操作添加多条信息。

11. 要求优先权声明

申请人要求外国或者本国优先权，应当单击"要求优先权声明"，页面显示要求优先权声明列表，如图 4-39 所示。

遗传资源来源披露登记表

遗传资源信息

遗传资源名称	遗传资源取自	获取方式	操作
			＋新增

遗传资源来源披露登记信息

*遗传资源名称

遗传资源的获取途径

I 遗传资源取自：□ 动物　□ 植物　□ 微生物　□ 人

II 获取方式：□ 购买　□ 赠送或交换　□ 保藏机构　□ 种子库（种质库）　□ 基因文库　□ 自行采集　□ 委托采集　□ 其他

直接来源	非采集方式	获取时间	
		提供者名称（姓名）	
		提供者所处国家或地区	中国
		提供者联系方式	
	采集方式	采集地（国家、省（市））	
		采集者名称（姓名）	
		采集者联系方式	
原始来源		采集者名称（姓名）	
		采集者联系方式	
		获取时间	
		获取地（国家、省（市））	

来源的理由

无法说明遗传资源原始来源的理由	

保存　返回

图 4-38　遗传资源来源披露登记信息页面

▼ 要求优先权声明

序号	原受理机构名称	在先申请日	在先申请号	操作
				＋新增

在先申请文件副本中文摘录　优先权转让证明中文摘录

图 4-39　要求优先权声明项

1）新增优先权

单击要求优先权声明右侧"新增"按钮，系统弹出新增优先权页面，填写原受理机构名称、在先申请日等信息，如图 4-40 所示。原受理机构名称可在下拉菜单中搜索选择，在先申请日使用日历选择，在先申请号应如实填写。需要注意的是，如果是中国优先权信息，原受理机构名称、在先申请日、在先申请号三项内容必须填写，国家申请号按提示填写，不输入校验位前的圆点，系统校验国家申请号相关信息；如果是外国优先权信息，除在先申请号可以不填，其他两项内容必须填写。

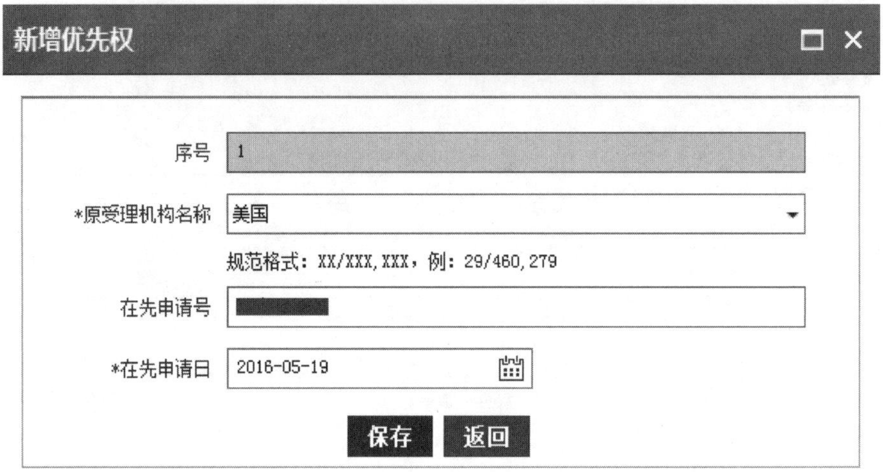

图 4-40　新增优先权页面

2）新增在先申请副本中文题录

单击"在先申请副本中文题录"按钮，系统弹出在先申请文件副本中文题录页面，在确认并勾选"申请人提供的中文题录与在先申请文件副本中的信息是一致的"之后，输入在先申请号、在先申请日、原受理机构名称等信息，也可以单击"选择"按钮，选择已填写的在先申请号，系统将自动显示用户已填写的在先申请号、在先申请日、原受理机构名称信息；电子申请用户应当确认并勾选"声明原受理机构已签字或盖章"声明；填写在先申请人时，如有多个，应当单击在先申请人右侧的"新增"按钮；已向国家知识产权局专利局提交过在先申请文件副本的，可以输入原件所在案卷的申请号；在附加文件中上传经证明的在先申请文件副本；完成这些操作后，新增的在先申请文件副本中文题录显示在列表中，如图 4-41 所示。重复上述操作可增加多条题录。

3）选择新增在先申请副本中文题录

电子申请用户已在"题录信息管理"中"在先申请文件副本中文题录"生成

过题录的，可选择列表右侧的"选择新增"按钮，系统弹出在先申请文件副本中文题录选择新增页面，选择相应录单击"确定"按钮，如图4-42所示。

图4-41 在先申请文件副本中文题录页面

图4-42 选择新增在先申请文件副本中文题录页面

4）新增优先权转让证明中文题录

根据《专利法实施细则》第三十一条，要求优先权的申请人的姓名或者名称与在先申请文件副本中记载的申请人姓名或者名称不一致的，应当提交优先权转让证明材料。单击"优先权转让证明中文题录"按钮，系统弹出优先权转让证明中文题录页面，电子申请用户应当在确认并勾选"申请人提供的中文题录与优先权转让证明文件的信息是一致的"声明之后，输入在先申请号、转让人和受让人信息，通过单击"选择"按钮，选择已填写的在先申请号；同时还应当确认并勾选"全体当事人和/或出具部门已在证明文件中签字或盖章"声明；并在附加文件中撰写或上传优先权转让证明扫描件，如图4-43所示。

图 4-43　优先权转让证明中文题录页面

5）选择新增优先权转让证明中文题录

电子申请用户已在"题录信息管理"中"优先权转让证明中文题录"生成过题录的，可选择列表右侧的"选择新增"按钮，系统弹出优先权转让证明中文题录选择新增页面，选择相应题录单击"确定"按钮，如图4-44所示。

12. 不丧失新颖性宽限期声明

申请人要求不丧失新颖性宽限期的，单击"不丧失新颖性宽限期声明"，展开不丧失新颖性宽限期声明列表项，如图4-45所示。

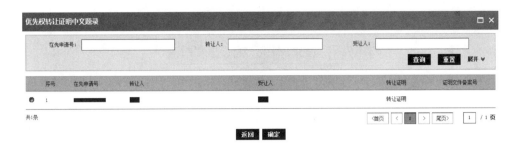

图 4-44　选择新增优先权转让证明中文题录页面

图 4-45　不丧失新颖性宽限期声明

勾选声明后，可以选择右侧"附加文件"按钮，系统弹出上传不丧失新颖性附加文件页面。用户通过上传或撰写功能，上传不丧失新颖性证明。

13. 同日申请

申请人同一天对同样的发明创造既申请发明专利又申请实用新型专利的，应当勾选"声明本申请人对同样的发明创造在申请本发明专利的同日申请了实用新型专利"声明，如图 4-46 所示。

■ **同日申请**
　　☐ 声明本申请人对同样的发明创造在申请本发明专利的同日申请了实用新型专利。

图 4-46　同日申请声明项

14. 提前公布

申请人请求提前公布的，应当勾选"请求早日公布该专利申请"，如图 4-47 所示。

97

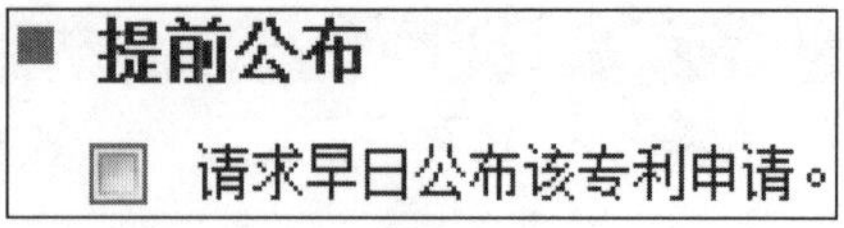
提前公布
请求早日公布该专利申请。

图 4-47　提前公布声明项

15. 实审请求

申请人提交实质审查请求的，单击“实审请求”，展开实审请求列表项，勾选相关信息，如图 4-48 所示。

实审请求
根据专利法第 35 条的规定，请求对上述专利申请进行实质审查。
申请人声明，放弃专利法实施细则第51条规定的主动修改的权利。
附加文件

图 4-48　实审请求信息项

鼠标在法条名称后的问号上悬停，系统显示详细的法条内容，如图 4-49 所示。

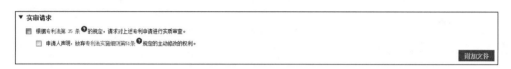

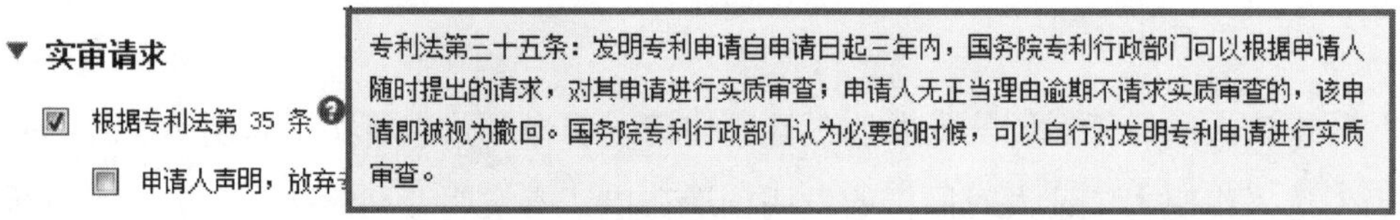
实审请求
根据专利法第 35 条
申请人声明，放弃
专利法第三十五条：发明专利申请自申请日起三年内，国务院专利行政部门可以根据申请人随时提出的请求，对其申请进行实质审查；申请人无正当理由逾期不请求实质审查的，该申请即被视为撤回。国务院专利行政部门认为必要的时候，可以自行对发明专利申请进行实质审查。

图 4-49　法规法条内容

电子申请用户需要上传实审请求附加文件的，在勾选声明后，应当选择右侧“附加文件”按钮，系统弹出上传实审请求附加文件页面。通过上传或撰写功能，上传其他证明文件、参考资料等文件；证明文件已备案的，可以使用证明文件备案功能。

用户勾选实审请求后，附加文件页签中关联业务部分自动添加实质审查请求业务，如图 4-50 所示。

16. 摘要附图

申请文件中有说明书附图的，将不再提交单独的摘要附图，选用最能说明该发明技术方案主要技术特征的一幅说明书附图，在请求书中指定说明书附图中的具体图号，如图 4-51 所示，系统自动将该图作为摘要附图。

图 4-50　关联业务—实质审查请求

图 4-51　摘要附图填写项

▶▶ 4.2.2　实用新型专利请求书

实用新型专利请求书的撰写与发明专利请求书的撰写方式基本一致，具体要求可参见本章 4.2.1 节。

▶▶ 4.2.3　外观设计专利请求书

外观设计专利请求书的撰写与发明专利请求书的撰写方式基本一致，以下介绍与发明专利请求书信息名称不同的填写项。

1. 使用外观设计的产品名称

外观设计产品名称一般应当符合《国际外观设计分类表》中小类列举的名称，应当与外观设计图片或者照片中表示的外观设计相符合，与视图和产品用途相符，准确、简明地表明要求保护的产品的外观设计。

2. 设计人

设计人的编辑方式与发明专利请求书中的发明人编辑方式相同。

3. 相似设计

同一产品两项以上的相似外观设计，作为一件申请提出时，用户应当勾选并输入其所包含相似外观设计的项数，如图 4-52 所示，一件外观设计专利申请中的相似外观设计不得超过 10 项。

图 4-52　相似设计信息项

4. 成套产品

用于同一类别并且成套出售或使用的产品的两项以上外观设计，作为一件申请提出时，用户应当勾选并输入其所包含的项数，如图 4-53 所示，成套产品外观设计专利申请中不应包含某一件或者几件产品的相似外观设计。

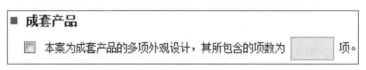

图 4-53　成套产品信息项

▶▶ 4.2.4　国际申请进入中国国家阶段声明

选择 PCT 进入国家阶段申请时，在左侧子菜单栏可选择 PCT 发现专利申请或 PCT 实用新型专利申请类型为理。由于国际申请进入中国国家阶段声明（发明）和国际申请进入中国国家阶段声明（实用新型）的信息填写方式基本一致，本节将不再做区分，统一简称为"进入声明"。

进入声明中的部分内容：发明名称、发明人、联系人、专利代理机构、提前公布、实审请求、要求优先权声明、序列表、遗传资源、不丧失新颖性宽限期声明等，填写方式与发明专利请求书的填写方式基本一致，本节将不再赘述，以下仅对进入声明中的其他填写项进行介绍。

1. 国际信息

国际信息内容包含国际申请号、国际申请日、优先权日、国际公布号、国际公布日、国际公布语言。用户输入国际申请号，选择"提取国际阶段信息"按钮，系统自动核查该国际申请号是否已经国际公布。如果进入中国国家阶段时国际申请已经国际公布，系统自动将国际申请日、优先权日、国际公布号、国际公布日、国际公布语言以及发明名称、发明人、申请人、优先权信息、是否含有援引加入、生物保藏、不丧失新颖性宽限期声明等一系列国际公布信息推送至相关字段，并提示申请人国际公布的相关信息，系统允许申请人对上述内容进行修改。上述推送信息的语言基于国际公布语言，中文公布的推送中文信息，外文公布的推送英文信息，用户应将发明人、申请人等英文内容修改为中文，如图4-54所示。

图4-54 国际公布信息

101

用户选择提取国际阶段信息时，系统除核查该国际申请是否国际公布外，还对部分信息进行核验。例如，国际公布文本中的指定国是否有中国，如果没有，提示申请人声称进入国家阶段的国际申请，其国际公布文本中没有指定中国的记载，该国际申请在中国没有效力。用户保存国际信息时，系统自动核查国际申请日、优先权日、国际公布语言等国际公布信息是否存在缺陷，并提示用户，如系统判断进入日是否满足优先权日起 32 个月，如果超出 32 个月，提示用户已超出《专利法实施细则》第一百零三条规定的办理进入中国国家阶段手续的期限。

如果进入中国国家阶段时国际申请尚未进行国际公布的，推送信息不包括国际公布号、国际公布日和国际公布语言等内容。国际申请号规范格式为 PCT/AUYYYY/××××××，其中 AU 为受理国际申请的国家或地区代码，注意应使用大写字母，YYYY 为申请年代，××××××为 6 位申请顺序号。

2. 申请人

申请人的信息填写与发明专利申请请求书中的申请人填写方式基本一致，不同点在于：系统核验申请人个数与国际公布的是否一致，如果不一致且未含涉及申请人变更的 306 表、申请人未提交涉及申请人变更的著录项目变更请求书时，则提示申请人进入声明中填写的申请人数量与国际公布文本中记载的不一致。如果有申请权转让行为，用户应提交申请权转让证明，选择"申请权转让证明中文题录"，如图 4-55 所示。

图 4-55　申请人信息项

当系统弹出申请权转让证明中文题录页面时，用户应当先确定并勾选"申请人提供的中文题录与申请权转让证明中的信息是一致的"声明，之后选择申请权转让方式，再确定并勾选"全体当事人和/或出具部门已在证明文件中签字或盖章"声明；分别在变更前和变更后信息中选择"新增"按钮，输入申请人序号、中文、原文内容；在附加文件中通过上传或撰写功能提交申请权转让证明。如果需要编辑多条申请权转让证明中文题录，可重复上述操作。

电子申请用户已在"题录信息管理"中"申请权转让证明中文题录"生成过题录的，可选择列表右侧的"选择新增"按钮，系统弹出申请权转让证明中文题录选择新增页面，选择相应题录，单击"确定"按钮，如图4-56所示，页面返回至上一级，勾选声明项，单击"保存"按钮。

图4-56　申请权转让证明中文题录

3. 提前处理

申请人要求国家知识产权局在优先权日起三十个月期限届满前处理和审查国际申请的，选择"提前处理"，展开提前处理列表项，如图4-57所示。

▼ **提前处理**

☑ 自优先权日起30个月的期限尚未届满，请求国家知识产权局根据 专利法实施细则第111条 ❷ 提前处理和审查本国际申请。
　☐ 本国际申请尚未国际公布，请求国家知识产权局作为指定局要求国际局传送国际申请文件副本。
提示：自优先权日起30个月的期限尚未届满，申请人不要求提前处理本国际申请，请取消上述默认选项。

图4-57　提前处理填写项

国际局尚未向国家知识产权局传送国际申请的，申请人应当提交经确认的国际申请副本，该副本是经受理局确认的"受理本"副本，或者是经国际局确认的"登记本"副本。申请人也可以向国家知识产权局提出请求，由国家知识产权局要求国际局传送国际申请文件副本。

4. 审查基础文本声明

选择"审查基础文本声明"，页面展开审查基础文本声明信息项，如图 4-58 所示。

在国际阶段及进入国家阶段后均没有对申请作出修改的，审查基础应当是原始申请；如果申请人在进入国家阶段时提交了国际阶段修改文件对应项目的全部替换页，可以填写以全部替换页的内容作为审查基础，注意填写内容不应当出现重复的情形。

图 4-58   审查基础文本声明填写项

通过附加文件功能可上传对应的文件，单击"附加文件"按钮，进入上传审查基础文本声明附加文件页面，选择上传或撰写按钮，可以上传或撰写不同类型的文件，如图 4-59 所示。

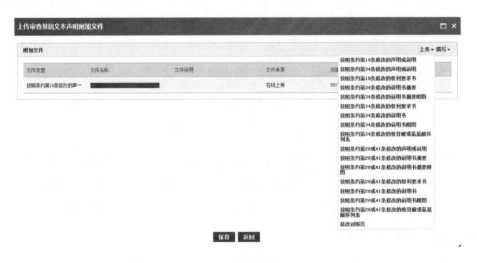

图 4-59   附加文件页面

5. 关于援引加入的说明

在线业务办理平台会核验国际公布文本扉页是否涉及援引加入的声明或者国

际阶段通知书中是否含有 PCT/RO/114 表，根据核验结果判断是否提示申请人在进入声明中作出选择。如果申请文件中含有援引加入项目或部分，而且申请人希望申请文件中保留援引加入项目或部分，应当单击"关于援引加入的说明"，展开关于援引加入的说明列表项，如图 4-60 所示，用户指明并请求修改相对于中国的申请日。

▼ 关于援引加入的说明

◎ 本国际申请在国际阶段有援引加入部分，进入时提交的中文译文未包含援引加入部分。

◎ 本国际申请在国际阶段含有援引加入项目或部分，提交的中文译文中包含下列援引加入项目或部分，请求修改相对于中国的申请日：

☐ 说明书　第 [　　　　] 页，国际阶段提交援引加入的 时间为 [　　　　] 🗓 ；

☐ 权利要求　第 [　　　　] 项，国际阶段提交援引加入的 时间为 [　　　　] 🗓 ；

☐ 附图　第 [　　　　] 页，国际阶段提交援引加入的 时间为 [　　　　] 🗓 。

图 4-60　关于援引加入的说明页面

申请人如果没有填写关于援引加入的说明，原始申请文件中不得包含援引加入项目或部分，且在后续程序中不能再通过请求修改相对于中国的申请日的方式保留援引加入项目或部分。

6. 生物材料样品保藏

编辑的 PCT 发明专利新申请涉及生物材料样品时，单击"生物材料样品保藏"，页面显示生物材料样品保藏信息项，如图 4-61 所示。

▼ 生物材料样品保藏

☑ 本国际申请涉及的生物材料样品的保藏已在专利合作条约实施细则第13条之2 4 ⓘ 规定的期限内以下列形式和出记载

保藏编号	保藏日期	保藏单位代码	说明书（译文）第_页_行或PCT/RO/134表	是否存活	操作
▮▮▮	2012-05-11	▮▮▮▮▮	32	是	✎修改 ✕删除

＋新增

生物材料样品保藏及存活证明中文题录　关于微生物保藏的说明

图 4-61　生物材料样品填写项

勾选声明项，在列表右侧，单击"新增"，系统弹出新增生物材料样品页面，输入生物材料样品的相关信息，选择"保存"按钮，新增的生物材料样品显示在生物材料样品列表中，如图 4-62 所示。

生物材料样品保藏及存活证明中文题录的输入方式与发明专利请求的内容基本一致。用户可以选择"关于微生物保藏的说明"，在弹出的关于微生物保藏的说明页面，补充微生物保藏信息，如图 4-63 所示。

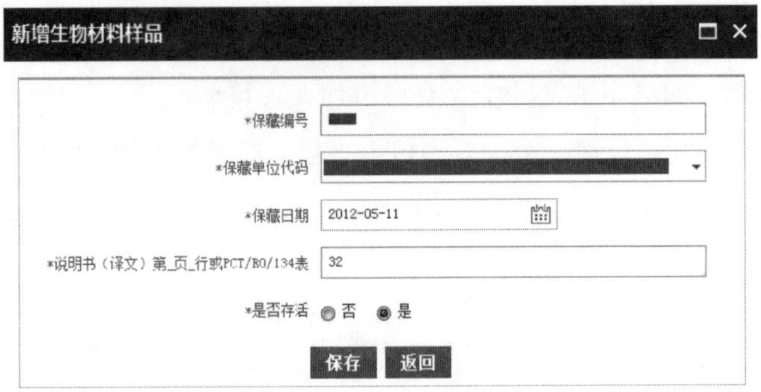

图 4-62　新增生物材料样品页面

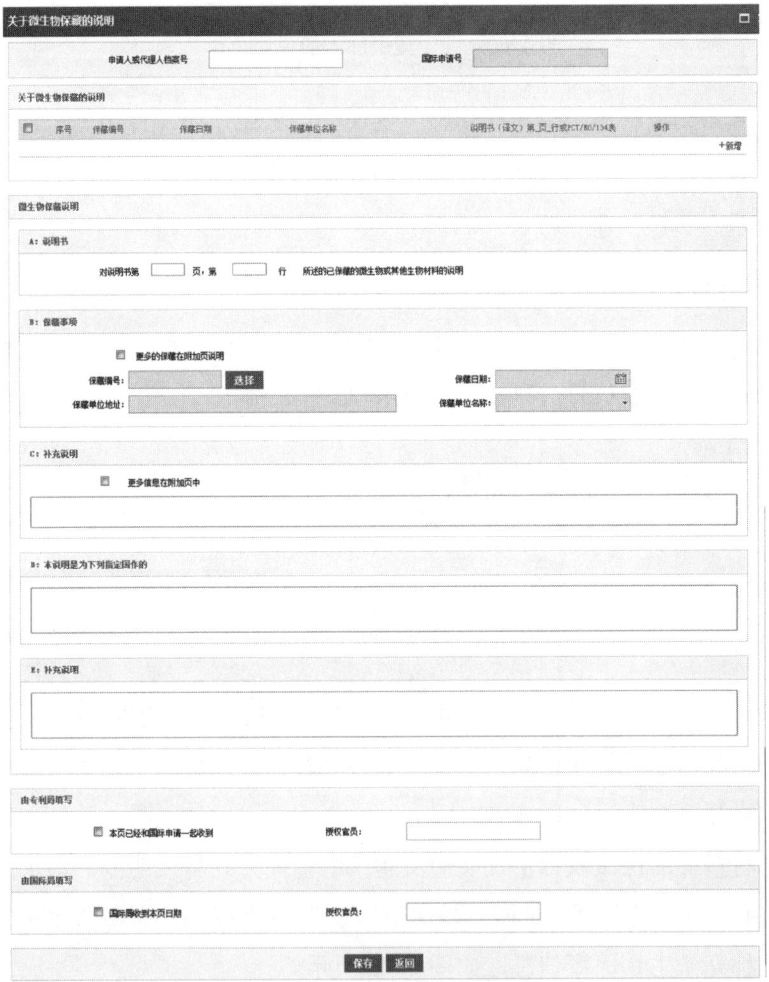

图 4-63　关于微生物保藏的说明

7. 复查请求

复查请求应当自收到受理局或国际局作出拒绝给予国际申请日或国际申请视为撤回决定的通知之日起 2 个月内向国家知识产权局提出，请求中应当陈述要求复查的理由，单击"复查请求"，展开复查请求列表项，勾选相关信息，如图 4-64 所示。

图 4-64　复查请求填写项

4.3　权利要求书的编辑

权利要求书应当说明发明的技术特征，清楚和简要地表述请求保护的范围。用户选择权利要求书页签，打开权利要求书编辑页面，编辑权利要求书内容，每一项权利要求仅允许在权利要求的结尾处使用句号，或以表达组分的数字或者数学符号结尾，完成编辑后单击"保存服务器"按钮，如图 4-65 所示。

在线业务办理平台将自动识别权利要求，并用阿拉伯数字顺序添加权利要求编号。发明和实用新型专利申请的权利要求书有多项权利要求时，权利要求项应顺序编码；PCT 申请的权利要求书可以不按顺序编号，系统不自动添加权利要求编号。权利要求书中使用的科技术语应当与说明书中使用的一致，可以有化学公式或者数学公式，必要时可以有表格，但不得有插图。不得使用"如说明书……部分所述"或者"如图……所示"等用语。

权利要求书、说明书、说明书附图、说明书摘要的编辑页面提供化学公式、数学公式、复制、剪切、粘贴、撤销、重复、插入图片、生僻字、上标、下标、特殊字符、表格、校验、页宽、放大、缩小、打印预览、打印、查询功能，如图 4-66 所示。

图 4-65　权利要求书编辑页面

图 4-66　编辑工具栏

▶▶ 4.3.1　插入化学公式

在制作权利要求书需要编辑化学公式时，将光标定位到需要插入化学公式的位置，单击工具栏"化学公式"按钮，如图 4-67 所示，在弹出的编辑工具中输入化学公式内容，编辑完成后，关闭工具时选择保存化学公式即可。编辑工具生成的化学公式为图片格式，不能对其内容进行修改，需要重新使用化学公式编辑工具生成新的化学公式。

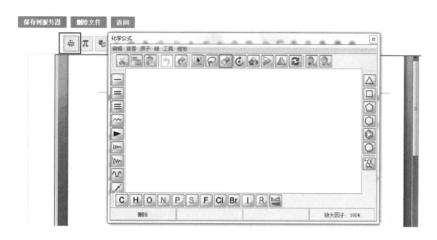

图 4-67　编辑化学公式

▶▶ 4.3.2　插入数学公式

在制作权利要求书需要编辑数学公式时，将光标定位到需要插入数学公式的位置，单击工具栏"数学公式"按钮，如图 4-68 所示，在弹出的编辑工具中输入数学公式内容，编辑完成后，单击"确定"按钮，保存数学公式。编辑工具生成的数学公式为图片格式，不能对其内容进行修改，需要重新使用数学公式编辑工具生成新的数学公式。

▶▶ 4.3.3　插入特殊字符

在制作权利要求书需要编辑特殊字符时，将光标定位到需要插入特殊字符的位置，单击工具栏"特殊字符"按钮，如图 4-69 所示，在弹出的编辑工具中选择需要插入的特殊字符。对话框默认显示一些常用符号，用户可以通过对话框左上方的下拉菜单切换类型，如数字符号、单位符号、拼音符号等，以寻找到目标字符。单击"插入"按钮，保存特殊字符。如果编辑工具的特殊字符库里提供的字符集未包括用户需要插入的字符，可将该特殊字符转成扩展名为.JPG 图片、.JPEG 图片、.TIF 图片或.TIFF 的图片格式插入页面中。

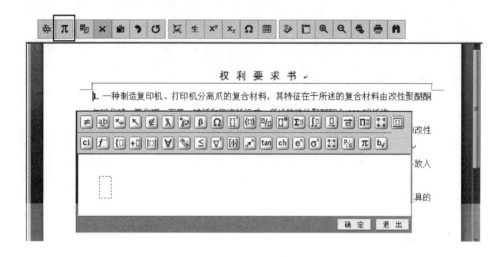

图 4-68　数学公式

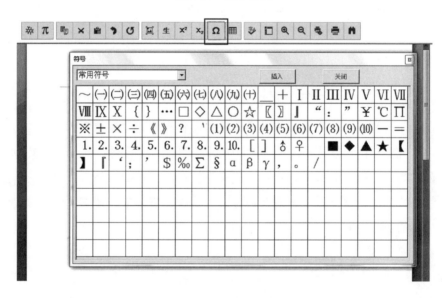

图 4-69　特殊字符

▶▶ 4.3.4　插入图片

在制作权利要求书需要插入图片时，将光标定位到需要插入图片的位置，选择工具栏"插入图片"按钮，在弹出的对话框中找到图片存储路径，选中该路径下需要插入的图片，单击"打开"按钮，如图 4-70 所示。

图 4-70　插入图片

▶▶ 4.3.5　插入表格

在制作权利要求书需要插入表格时，将光标定位到需要插入表格的位置，单击工具栏"插入表格"按钮，如图 4-71 所示，在弹出的对话框中输入行数和列数，单击"确定"按钮。该功能支持简单表格的制作，对于复杂表格，如需要嵌套表格或分割、合并单元格的，应先将表格保存成扩展名为.JPG、.JPEG、.TIF 或.TIFF 的图片格式后，插入权利要求书中提交。

图 4-71　插入表格

用户如果在 WORD 或记事本等软件上编辑权利要求书内容，直接复制粘贴到权利要求书编辑器中，应认真核查保存后的内容，注意特殊字符、公式等是否保存成功，是否出现乱码等情况。对于一些编辑器无法正常识别的字符，系统将识别为"？"显示在该字符位置，用户应将该特殊字符转换成图片格式插入至原位置。对于权利要求书，用户可以使用工具栏的"查询"按钮，输入"？"或其他需要查询的字符，进行全文查找并进行核对，如图 4-72 所示。

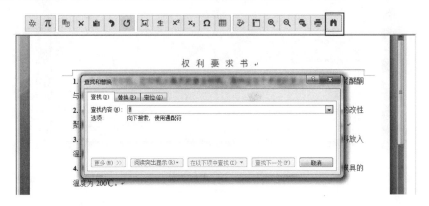

图 4-72　查询功能

4.4　说明书的编辑

申请发明和实用新型专利应当提交说明书，说明书第一页第一行应当写明发明创造名称，该名称应当与请求书中的名称一致，并左右居中。说明书在格式上一般包括下列五个部分：技术领域、背景技术、发明内容、附图说明、具体实施方式，每一部分前面写明标题。申请文件中无说明书附图的，说明书文字部分不包括附图说明及其对应的标题。说明书文字部分可以有化学公式、数学公式或表格，但不得有附图。

电子申请用户选择说明书页签，打开说明书编辑页面，编辑说明书内容，如图 4-73 所示。

在线业务办理平台的编辑器将自动规范说明书的格式，包括识别发明名称、小标题和正文内容，自动分段并编排段号。电子申请用户可以使用编辑器工具，对特殊字符、表格、公式等内容进行制作和编辑。

用户如果在 WORD 或记事本等软件上编辑说明书内容，直接复制、粘贴到说明书编辑器中，应认真核查保存后的文档内容，注意特殊字符、公式等是否保存成功，是否出现乱码等情况。对于一些编辑器无法正常识别的字符，在线业务办理平台将识别为"？"，电子申请用户应将该特殊字符转换成图片格式插入至原位置。选择在 WORD 中编辑说明书内容，再复制、粘贴到说明书编辑器中的，可以先在 WORD 中使用"清除格式"功能，再进行复制和粘贴。

图 4-73　说明书编辑页面

4.5　说明书附图的编辑

说明书附图应当尽量竖向放置在说明书附图模板上，如果图的宽度超过 A4 纸面宽度的，应当将附图逆时针旋转90°后插入模板中。多幅说明书附图应使用阿拉伯数字顺序编号，如图1、图2。附图标记应当使用阿拉伯数字编号，申请文件中表示同一组成部分的附图标记应当一致，但并不要求每一幅图中的附图标记连续，说明书文字部分未提及的附图标记不应在附图中出现。

用户选择"说明书附图"页签，打开说明书附图编辑页面，如图 4-74 所示。

在编辑工具中选择"插入图片"，单击"编辑图片或照片"，在弹出的编辑图片或照片对话框中，单击"浏览"，找到图片存储路径，选中该路径下需要插入的图片，说明书附图不应为彩图，插图尺寸不能超过 165mm×265mm，单击"打开"按钮，系统按顺序显示默认图号，如图 4-75 所示，单击"添加"，说明书附图中显示该图和对应图号，重复上述操作可添加多幅图片或照片。

图 4-74　说明书附图编辑页面

图 4-75　编辑图片或照片

　　如果需要修改图号，可以在编辑图片或照片对话框中选中需要修改的图号，在"图号"栏下拉菜单中选择新的图号，或者将光标定位在图号数字上，键入新的图号数字，单击"修改"即可，如图 4-76 所示。

　　如需修改图片顺序，可以在编辑图片或照片对话框中选中需要调整顺序的图号，单击"上移"或"下移"按钮调整顺序。如需删除图片，可以在编辑图片或照片对话框中选中图片，选择"移除"按钮进行删除。

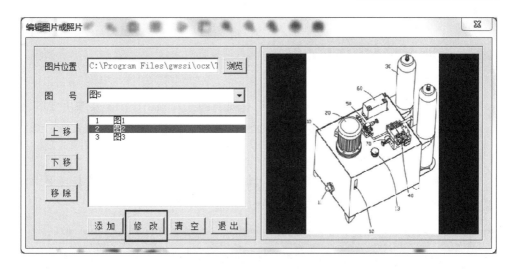

图 4-76　修改图号

编辑图片完成后，单击"退出"按钮，关闭图片编辑工具，如图 4-77 所示。用户预览并确认说明书附图内容后，选择"保存到服务器"按钮。

图 4-77　用户预览并确认说明书附图内容页面

4.6 说明书摘要的编辑

　　说明书摘要应当写明发明创造的名称和所属的技术领域，清楚反映所要解决的技术问题，解决该问题的技术方案的要点及主要用途。说明书摘要文字不得添加标题，一般不超过 300 字。

　　用户选择"说明书摘要"页签，打开说明书摘要编辑页面，如图 4-78 所示，编辑说明书摘要内容，完成编辑后单击"保存到服务器"按钮。

图 4-78　说明书摘要编辑页面

4.7 摘要附图的编辑

　　摘要附图应当选用最能说明该发明或实用新型技术方案主要技术特征的一幅图，应当是说明书附图中的一幅图，对于发明和实用新型专利申请，用户可以在请求书中指定具体的说明书附图为摘要附图。

　　对于进入国家阶段的国际申请，其摘要附图副本应当与国际公布时的摘要附

图一致，用户选择"摘要附图"页签，打开摘要附图编辑页面，选择"新增"按钮，单击"上传"，在弹出的对话框中找到图片存储路径，选中该路径下需要插入的图片，单击"打开"按钮，预览摘要附图无误后，单击"确定"按钮，上传摘要附图后单击"保存"按钮，如图4-79所示。

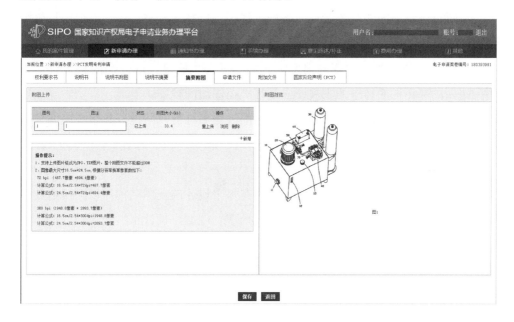

图4-79　摘要附图编辑页

4.8　外观设计图片或照片的编辑

申请外观设计专利应当提交图片或者照片。图片或者照片应当清楚地显示要求专利保护的产品的外观设计。申请人请求保护色彩的外观设计专利申请，应当提交彩色图片或者照片。

就立体产品的外观设计而言，产品设计要点涉及六个面的，应当提交六面正投影视图；产品设计要点仅涉及一个面或几个面的，应当至少提交所涉及面的正投影视图和立体图，并应当在简要说明中写明省略视图的原因。就平面产品的外观设计而言，产品设计要点涉及一个面的，可以仅提交该面正投影视图；产品设计要点涉及两个面的，应当提交两面正投影视图。

必要时，申请人还应当提交该外观设计产品的展开图、剖视图、剖面图、放大图及变化状态图。此外，申请人可以提交使用状态参考图，参考图通常用于表明使用外观设计的产品的用途、使用方法或者使用场所等。

色彩包括：黑白灰系列和彩色系列。

六面正投影视图的视图名称，是指主视图、后视图、左视图、右视图、俯视图和仰视图。各视图的视图名称应当标注在相应视图的正下方。其中主视图所对应的面应当是使用时通常朝向消费者的面或者最大限度反映产品的整体设计的面。例如，带杯把的杯子的主视图应是杯把在侧边的视图。

对于成套产品，应当在其中每件产品的视图名称前以阿拉伯数字顺序编号标注，并在编号前加以"套件"两字。例如，对于成套产品中的第 3 套件的主视图，其视图名称为：套件 3 主视图。

对于同一产品的相似外观设计，应当在每个设计的视图名称前以阿拉伯数字顺序编号标注，并在编号前加以"设计"两字。例如，设计 1 主视图。

组件产品是指由多个构件相结合构成的一件产品，分为无组装关系、组装关系唯一或者组装关系不唯一的组件产品。对于组装关系唯一的组件产品，应当提交组合状态的产品视图；对于无组装关系或者组装关系不唯一的组件产品，应当提交各构件的视图，并在每个构件的试图名称前以阿拉伯数字顺序编号标注，并在编号前加以"组件"两字。例如，对于组件产品中的第 3 组件的左视图，其视图名称为：组件 3 左视图。

对于有多种变化状态的产品的外观设计，应当在其显示变化状态的视图名称后，以阿拉伯数字顺序编号标注。

正投影视图的投影关系应当对应、比例应当一致。

选择"外观设计图片或照片"页签，打开外观设计图片或照片页面，选择"新增"按钮，列表左侧的下拉菜单中可以选择视图名称，电子申请用户可以自行修改视图名称，选择"上传"按钮，在弹出的对话框中找到图片存储路径，选中该路径下需要插入的图片，单击"打开"按钮，预览后单击"确定"按钮进行上传，重复上述操作添加外观设计的各视图。需要替换已上传视图，可以通过选择"重上传"，重新选择图片或者照片。上传图片或者照片后，单击"保存"按钮，如图 4-80 所示。

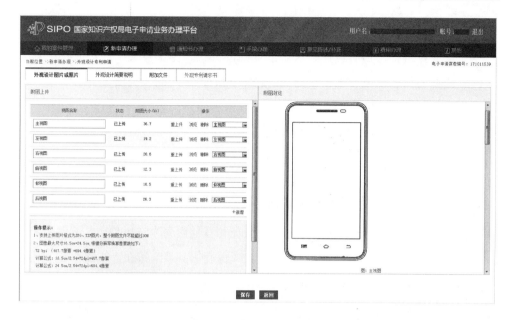

图 4-80　外观设计图片或照片编辑页面

需要注意的是，电子申请用户应认真检查并确认图片清晰完整，不要重复提交视图，视图内容与名称等重要内容应当一致。

4.9　外观设计简要说明的编辑

外观设计专利权的保护范围应以表示在图片或者照片中的该产品的外观设计为准，简要说明可以用于解释图片或者照片所表示的该产品的外观设计。申请外观设计专利应当提交对该外观设计的简要说明。

外观设计简要说明应当包含下列内容。

（1）外观设计产品的名称。

简要说明中的产品名称应当与请求书中的产品名称一致。

（2）外观设计产品的用途。

简要说明中应当写明有助于确定产品类别的用途。对于具有多种用途的产品，简要说明应当写明所述产品的多种用途。

（3）外观设计的设计要点。

设计要点是指与现有设计相区别的产品的形状、图案及其结合，或者色彩与形状、图案的结合，或者部位。对设计要点的描述应当简明扼要。

（4）指定一幅最能表明设计要点的图片或者照片。

指定的图片或者照片用于出版专利公报。

选择"外观设计简要说明"页签，打开外观设计简要说明页面，系统显示外观设计简要说明模板，模板中预先填写了提示性的内容，其中本外观设计产品的名称、用途、设计要点和最能表明设计要点的图片或者照片为必填项，省略视图、请求保护的外观设计包含色彩、指定基本设计和其他内容为选填项。电子申请用户应在提示语言后填写相应的说明文字，单击"保存服务器"按钮，如图4-81所示。

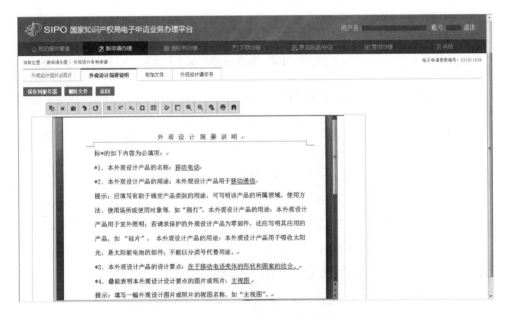

图4-81　外观设计简要说明编辑页面

外观设计简要说明的编辑工具含有复制、剪切、粘贴、撤销、重复、生僻字、上标、下标、特殊字符、表格、校验、页宽、放大、缩小、打印预览、打印、查询功能。需要注意的是，外观设计简要说明中最能表明设计要点的图片，应当用文字描述，而不是插入视图。

4.10　申请文件的编辑

电子申请用户可以将准备好的 WORD 或者 PDF 格式的申请文件直接导入在线业务办理平台，在线业务办理平台的"申请文件"页签提供这一功能。具体操作方法是选择"申请文件"页签，在页面右侧的下拉菜单中选择文件类型：权利要求书、说明书、说明书附图、说明书摘要；单击"上传"按钮，在弹出的对话框中找到要加载的文件，单击"打开"按钮；系统将自动判断导入的文件是否与该文件类型是否匹配，如果不匹配将提示用户；上传成功后，用户需要根据页面提示，结合实际提交文件内容，修改权利要求书的权项数、说明书附图的附图个数等内容，其他数据项内容默认为"0"，不需要修改。上传完成后，单击"保存"按钮，如图 4-82 所示。

图 4-82　上传申请文件页面

在线业务办理平台支持 WORD 和 PDF 格式文件的导入，但导入的文件需要符合相关的文件格式要求。WORD 文件不应设置密码保护、文档保护功能，PDF 文件应具有打印权限，不应设置加密功能，WORD 或 PDF 文件中不应含有水印、宏命令、嵌入对象、超链接、控件、批注、修订模式等。字符集应使用 GB18030 字符集范围以内的字符，不应使用自造字。图片大小应限定在单页内，不应包含灰度图和彩图。说明书不应添加任何形式的段落编号。文档页面设置应为纵向 A4 纸大小。

4.11 附加文件的编辑

电子申请用户在办理新申请时，如果需要提交证明文件或办理其他法律手续的，可以选择"附加文件"页签，打开附加文件页面，如图 4-83 所示。

图 4-83   上传附加文件页面

在附加文件页面可以上传或撰写其他证明文件、原文、经确认的国际申请文件副本等文件。关联业务中，用户可以添加向外国申请专利保密审查请求、实质审查请求书、DAS 请求书、其他事宜意见陈述、第三方变更、不丧失新颖性视为未要求恢复、生物样品视为未保藏恢复、优先权视为未提出恢复、改正优先权要求请求等法律手续，具体介绍内容可参见后续章节。证明文件已备案的，可以单击"添加"，选择相关信息后单击"确定"按钮。附加文件内容编辑完成后，需单击"保存"按钮。

4.12 文件预览和提交

▶▶ 4.12.1 文件预览

当电子申请用户编辑完成新申请全部文件和手续后，选择请求书页签，单击"预览"按钮，打开预览页面后，系统默认显示请求书内容，如图 4-84 所示，可以单击左侧文件图标或文件名称,打开对应文件进行预览或下载,如图 4-85 所示。

图 4-84　发明专利请求书预览页面

图 4-85　在先申请文件副本中文题录预览页面

　　申请文件清单和附加文件清单中的内容由系统根据已编辑文件自动识别并生成。系统将自动核验撰写的文件内容是否符合规范。当新申请文件存在不符合校验规范的内容时，预览页面下方用红色文字提醒用户返回业务办理页面，修改文件中存在的缺陷，如图 4-86 所示。在修改完成前，提交按钮为灰色，不允许用户提交新申请。

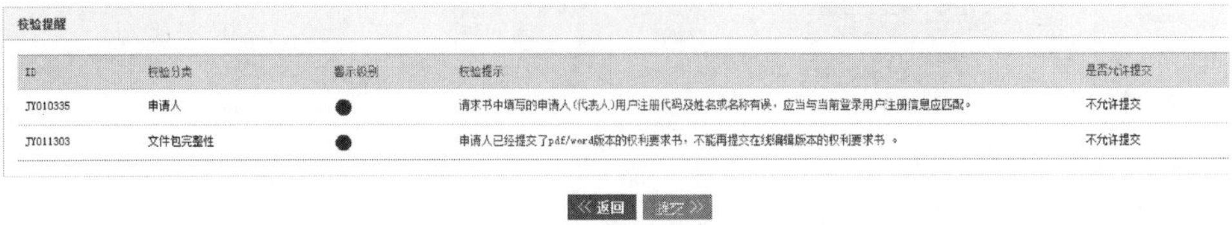

图 4-86　请求书预览校验提醒

►► 4.12.2　文件提交

　　当新申请文件的内容符合校验规范时，预览页面没有校验提醒信息，用户勾选"以下浏览的申请文件内容真实有效，将作为正式提交文件"的声明后，提交按钮由灰色变亮，如图 4-87 所示。需要注意的是，电子申请用户必须使用证书登录在线业务办理平台，方可提交新申请，系统自动启动证书验证、数据打包、生成签名等程序。

图 4-87　发明专利请求书预览页面

►► 4.12.3　接收业务办理反馈提示

　　在预览页面单击"提交"按钮，新申请文件提交至国家知识产权局，系统进入业务办理反馈提示页面，如图 4-88 所示。

　　回执上记载了业务提交时间、办理业务种类、提交人用户代码、提交人用户名称等信息。电子申请用户提交新申请后，在回执上即可获得专利申请号，回执页面同时记载了当前主业务应当缴纳的费用明细，用户可以选择"去缴费"按钮，办理在线支付业务。

图 4-88　发明专利申请提交回执页面

电子申请用户可以通过导航菜单栏"新申请办理"对应申请类型的"业务办理历史"页签查看案件信息，也可以在"通知书办理"菜单中的"通知书接收确认"子菜单中查询到专利申请受理通知书和缴纳申请费通知书或费用减缴审批通知书。

第5章

CHAPTER **5** >>>

通知书办理

电子申请用户如果需要接收通知书，办理通知书下载、查询和答复等业务的，应当单击"通知书办理"菜单，在"通知书办理"页面，左侧下方为可办理业务功能区，单击其中一个子菜单，到相应的用户操作区办理，如图5-1所示。

图5-1　通知书办理界面

"通知书办理"菜单共有五个栏目，分别是"通知书接收确认""通知书答复""通知书期限延长""通知书历史查询""纸件通知书申请"。本章将依次对五个栏目的功能和可办理的事项进行介绍。

5.1　通知书接收确认

使用在线业务办理平台提交专利申请和办理法律手续的用户，应当注意接收相关的通知书。

单击"通知书接收确认"子菜单，进入相应的业务办理界面。页面右上方给出了查询选项，包括"申请号或其他编号""通知书发文日""发明创造名称"。单击"展开"，还有"通知书名称""发文序列号"等查询项。

以申请号查询为例，输入申请号后单击"查询"按钮，则该申请号下所有需要确认接收的通知书都显示在下方查询结果的列表中。查询结果包括申请号或其他编号、发明创造名称、通知书名称、发文日期、发文序列号、操作等信息，如图5-2所示。

图5-2 通知书接收确认界面

单击需要确认接收的通知书最后方操作栏的"接收确认"，则系统返回提示，如图5-3所示。

图5-3 接收确认提示

通知书确认接收后，在线业务办理平台将用户的接收信息记录在系统中。如需要再次查看此通知书，则需要到"通知书历史查询"栏目进行查看。

除了使用申请号进行查询，系统还支持选择通知书的发文日区间查询、发明名称的模糊查询、通知书名称的查询和发文序列号的查询。

如果需要批量确认接收通知书，可以直接单击"查询"按钮，所有需要接收确认的通知书将显示在下方的查询结果显示区域内。单击"申请号或其他编号"前面的勾选框，则可全选当前页面下的所有通知书，单击页面右上方"批量接收确认"按钮，即可以完成对所有勾选了的通知书的接收确认。

图 5-4 批量接收确认

5.2 通知书答复

通知书答复，是指对所有可以进行答复的通知书类型制作相应的答复文件，办理相关手续。

单击"通知书答复"子菜单，进入相应的业务办理界面。在此页面可办理的业务仅包含可答复的通知书类型，包括中止程序请求审批通知书、缴纳单一性恢复费通知书（进入国家阶段的 PCT 申请）、审查业务专用函、视为未提出通知书、办理手续补正通知书、办理恢复权利手续补正通知书、视为未要求优先权通知书、视为未委托专利代理机构通知书、视为未要求不丧失新颖性宽限期通知书、专利权终止通知书、补正通知书、生物材料视为未保藏通知书、国际申请不能进入中国国家阶段通知书、修改文件缺陷通知书、视为撤回通知书、办理手续补正通知书、办理恢复权利手续补正通知书、视为未要求优先权通知书、视为未要求新颖性宽期限通知书、视为放弃取得专利权通知书、第一次审查意见通知书、第 N 次审查意见通知书、提交资料通知书、分案通知书、改正译文错误通知书、避免重复授予专利权的通知书、第 N 次补正通知书等类型。

　　在用户操作区的上方，是查询操作区，包括申请号、发明创造名称、通知书名称等，可以通过输入一个或多个查询项进行查询。下方是查询结果显示区域，显示的是办理当前业务涉及的发文日起 1 年内的通知书。查询结果列表按照期限届满日、发文日期倒序排序，展示了待答复通知书的申请号、发明创造名称、通知书名称、办理状态、期限届满日、发文日期、发文序列号，如图 5-5 所示。

图 5-5　通知书答复界面

　　以答复审查意见通知书为例，在申请号栏输入需要答复通知书的申请号，在通知书名称栏的下拉菜单中选择"第 N 次审查意见通知书"，由于通知书类型较多，该查询支持模糊查询，可输入"审查意见通知书"进行查询，选择"第 N 次审查意见通知书"，单击"查询"按钮，则页面下方显示出发文日起 1 年内的通知书，如图 5-6 所示。如果有多条查询结果，则查询结果按照期限届满日、发文日期倒序排序。

图 5-6　通知书查询结果

单击申请号对应的通知书名称，系统进入通知书浏览页面。页面上方显示的是该申请所有办理过的业务状态，如图 5-7 所示。

电子申请案卷编号	申请号	发明创造名称	业务名称	提交账户	提交日期
133345800	2016305034362	外观金流程	答复补正	11038	2017-01-08 14:56:06
133345200	2016305034362	外观金流程	答复补正	11038	2016-12-22 11:14:24
133139500	2016305034362	外观金流程	答复补正	11038	2016-11-01 18:50:40
133148503	2016305034362	外观金流程	答复审查意见	11038	2016-11-01 18:48:42
133141200	2016305034362	外观金流程	答复审查意见	11038	2016-11-01 17:50:13
133142401	2016305034362	外观金流程	逾期未答复视撤恢复	11038	2016-10-31 17:44:59
133136305	2016305034362	外观金流程	意见陈述主动提交修改	11038	2016-10-27 15:54:55
133146000	2016305034362	外观金流程	补正书主动提出修改	11038	2016-10-27 15:51:22
133133204	2016305034362	外观金流程	答复补正	11038	2016-10-21 09:32:31
133133206	2016305034362	外观金流程	逾期未答复视撤恢复	11038	2016-10-21 09:32:31
133136300	2016305034362	外观金流程	意见陈述主动提交修改	11038	2016-10-20 17:28:47
133133700	2016305034362	外观金流程	补充陈述意见	11038	2016-10-20 14:45:09
133132606	2016305034362	外观金流程	答复审查意见	11038	2016-10-19 15:15:32
133132604	2016305034362	外观金流程	逾期未答复视撤恢复	11038	2016-10-19 15:11:09
132742000	2016305034362	外观金流程	外观设计专利申请	11038	2016-10-17 18:23:39

图 5-7　查询通知书办理状态

页面下方显示通知书内容供电子申请用户浏览，如图5-8所示。

图 5-8　查看通知书

在页面的右上方，单击"业务办理"，系统将显示当前申请所有可办理的业务种类。不同类型和状态的通知书，系统显示的可办理的业务种类是不同的，如图5-9所示。

以答复审查意见为例，选择下拉列表里的"答复审查意见"，系统进入答复审查意见页面。在答复页面，在线业务办理平台已经提取了案件的基本信息和通知书信息，电子申请用户根据申请的情况输入陈述的意见即可，如图 5-10所示。

如果需要增加其他文件，在"附加文件"栏中提供了上传和撰写两个选项。单击"上传"选项或"撰写"选项，系统在下拉列表中自动展示所有可以附加的文件名称。用户可以根据实际情况制作相应的文件，如图 5-11 和图 5-12 所示。

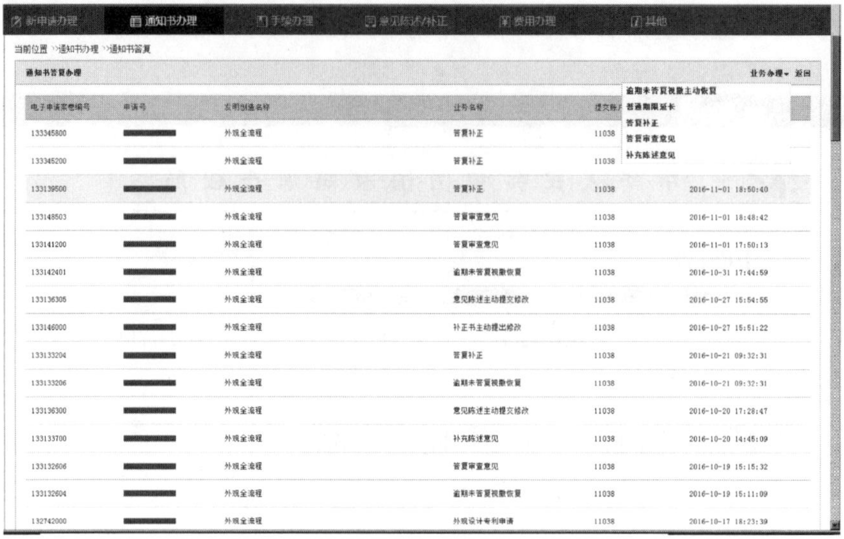

图 5-9　可办理业务

图 5-10　答复业务办理

图 5-11　上传文件选项

图 5-12　撰写文件选项

全部制作完成后，单击"保存"和"预览"按钮，系统将生成完整的答复文件列表供用户浏览确认。如果需要进一步修改，则可以单击"返回"按钮进行修改，如果确认无误，则单击"提交"按钮。系统返回提交结果，通知书答复手续办理完成。

5.3　通知书期限延长

单击"通知书期限延长"子菜单，在线业务办理平台将显示"普通期限延长"和"中止期限延长"两个标签项。选择其中一个，即可进入相应的法律手续的办理页面，如图 5-13 所示。

图 5-13　通知书期限延长界面

133

本手续还可以在"手续办理"菜单中"期限延长请求"子菜单进行办理。具体办理通知书延长期限请求手续的操作，可以参见第6章介绍。

5.4 通知书历史查询

单击"通知书历史查询"子菜单，进入通知书历史查询办理页面。在"通知书接收确认"页面进行过接收确认操作的通知书，都可以在这个页面进行查询和查看。

在用户操作区上方的查询操作区，可以通过输入一个或多个查询项进行查询，下方是查询结果的显示区域，分为"近一年通知书"和"全部通知书"两个标签页。分别显示的是近1年内本用户下载的通知书列表和所有本用户下载的通知书列表。查询结果列表按照下载时间由近至远排序，展示了申请号或其他编号、通知书名称、发文日期、发文序列号、下载时间、下载用户id、下载ip地址等信息，如图5-14所示。

图 5-14   通知书历史查询界面

▶▶ 5.4.1   近一年通知书查询

与"近一年通知书"标签页对应的是申请号或其他编号、发文序列号、通知书名称、发文日期区间查询和下载时间区间查询等查询项。

以下载时间区间为例进行查询，这里的下载时间指的是通知书确认被接收的时间，即在"通知书接收确认"标签页对相关通知书进行接收确认操作的时间。

选择下载时间区间，单击"查询"按钮，则页面下方"近一年通知书"标签页将显示出所有符合查询条件的通知书列表。如果所有查询项的信息为空，直接单击"查询"按钮，则系统将显示所有该电子申请用户1年来接收的通知书列表，如图5-15所示。

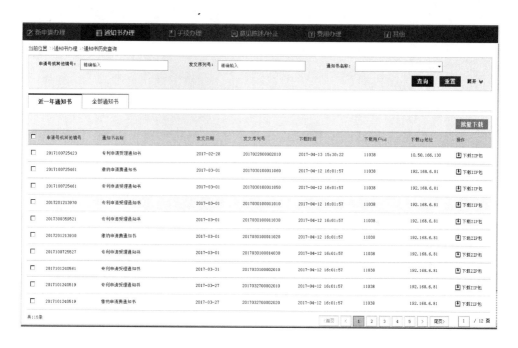

图 5-15　近一年通知书查询

▶▶ 5.4.2　全部通知书查询

与"全部通知书"标签页对应的是"申请号或其他编号"和"发文序列号"两个查询项。由于查询全部通知书可能涉及的通知书数量庞大，因此这里的两个查询项为必填项。即用户不可以直接单击"查询"按钮进行查询，需要至少输入一个查询项。

以申请号查询为例，输入申请号，单击"查询"按钮，页面下方将显示所有
该申请号对应的通知书列表，如图 5-16 所示。

图 5-16　全部通知书查询

▶▶　**5.4.3　通知书查看和下载**

如果需要查看通知书，单击申请号后面的通知书名称，系统将打开并展示电
子通知书。如果需要下载该通知书，则可以单击申请号对应的操作栏的"下载 ZIP
包"，在线业务办理平台将提供压缩格式的电子通知书供用户下载，如图 5-17
所示。

如果需要批量下载通知书，可以单击申请号前面的复选框进行勾选，或者勾
选"申请号或其他编号"复选框进行全选，再单击页面右侧的"批量下载"按钮，
进行通知书批量下载，如图 5-18 所示。

图 5-17　通知书下载

图 5-18　通知书批量下载

5.5 纸件通知书申请

单击"纸件通知书申请"子菜单，进入申请纸件通知书副本业务办理界面。

针对通过在线业务办理平台提交的专利电子申请，各阶段的通知书均以电子形式发出。如果电子申请用户需要纸件形式通知书副本的，需要通过这个业务办理页面，提交纸件通知书申请。收到请求后，国家知识产权局专利局发文部门会针对请求发出该通知书的纸件副本，需要注意的是，同一份通知书只能发出一份纸件副本。

在用户操作区上方的查询操作区，可以通过输入一个或多个查询项进行查询，下方是查询结果的显示区域，分为"近一年通知书"和"全部通知书"两个标签页。分别显示的是本用户近 1 年内下载的通知书列表和所有本用户下载的通知书列表。列表里不仅有申请号、发明创造名称、通知书名称、发文日期、发文序列号等常规查询结果，还会显示出是否申请过纸件副本、处理状态、提交人、提交时间等情况。

与"近一年通知书"标签页对应的是"申请号或其他编号""发文序列号""发明创造名称""通知书名称""发文日期区间查询"等查询项。

输入相关查询项，单击"查询"按钮，页面下方"近一年通知书"标签页将显示出所有符合查询条件的通知书列表。如果所有查询项的信息为空，直接单击"查询"按钮，在线业务办理平台将显示所有该电子申请用户 1 年来接收的通知书列表，如图 5-19 所示。

选择需要申请纸件副本的通知书，单击页面右上方的"发送纸件通知书请求"按钮，系统进行处理后返回结果。如果处理成功，则提示"纸件通知书申请成功"，如图 5-20 所示。

如果处理失败，则提示"调用接口失败"，这种情况通常是系统响应异常造成，处理失败的通知书可以再次发送纸件通知书请求；如果该通知书已经申请过纸件副本，则提示"已经申请成功过纸件通知书，不能重复申请"。在通知书列表栏会刷新出处理成功的通知书和未申请的通知书。

图 5-19　纸件通知书申请列表

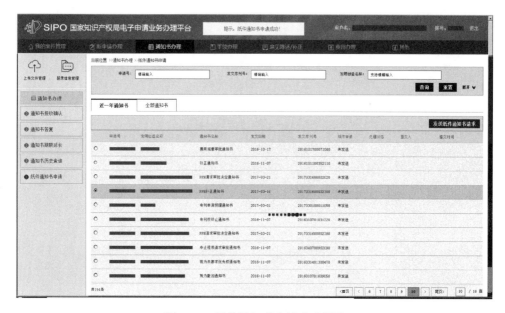

图 5-20　纸件通知书申请成功提示

　　与"全部通知书"标签页对应的是"申请号或其他编号"和"发文序列号"两个查询项。由于查询全部通知书可能涉及的通知书数量庞大，这里的两个查询项为必填项。即用户不可以直接单击"查询"按钮进行查询，需要至少输入一个查询项。

以申请号查询为例，输入申请号，单击"查询"按钮，则页面下方将显示所有该申请号对应的通知书列表。所有该申请号下的纸件通知书都会展示出来，如果需要申请纸件通知书副本，可以单击页面右上方的"发送纸件通知书请求"按钮进行申请，系统的处理记录将显示在页面下方的通知书列表栏，如图 5-21 所示。

图 5-21　全部通知书查询列表栏

第6章
手续办理

CHAPTER **6** ▶▶▶

手续办理是指在向国家知识产权局提出专利申请的同时或提出专利申请之后，申请人（或专利权人）、其他相关当事人在办理与该专利申请（或专利）有关的各种手续。本章将围绕在线业务办理平台中 15 种业务手续进行介绍，具体包括：著录项目变更、恢复权利请求、延长期限请求、撤回专利申请声明、放弃专利权声明、撤回优先权声明、发明专利请求提前公布声明、实质审查请求、中止程序请求、更正错误请求、改正译文错误请求、实用新型专利检索报告请求、专利权评价报告请求、改正优先权要求请求、补交修改文件的译文或修改等，费用减缴请求在本书 8.2 节中介绍。

6.1　著录项目变更

本节介绍著录项目变更的具体操作。根据用户的不同及操作的特点，分为普通变更、批量变更及第三方变更。

▶▶ 6.1.1　普通变更

普通变更是指当前专利或专利申请的当事人提出的著录项目变更请求。具体的变更项目包括发明人变更、申请人（专利权人）变更、联系人变更、代理机构变更和代理人变更。单击导航菜单栏"手续办理"，打开手续办理页面，在左侧"著录项目变更"子菜单栏里选择"普通变更"，页面默认显示案件查询结果列表页，如图 6-1 所示。

图 6-1　普通变更查询界面

输入申请号，单击"查询"按钮，在查询结果显示区域选择要变更的专利案件，单击右上角"业务办理"按钮，进入业务办理页面，如图 6-2 所示。

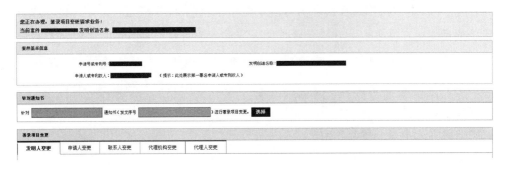

图 6-2　办理著录项目变更手续

电子申请用户根据实际情况，选择变更项目，包括发明人变更、申请人变更、联系人变更、代理机构变更和代理人变更。

以"发明人变更"为例，选择"发明人变更"标签页，在线业务办理平台自动推送变更前发明人具体信息，对于变更后的发明人信息，可以进行删除、修改和上移或下移操作，如图 6-3 所示。

在"发明人变更"标签页右下角单击"新增"按钮，增加新的发明人信息，填写好具体信息后，单击"保存"按钮。需要注意的是，需将带星号的必填项目填写完整。新增后发明人信息显示在列表中的，可以继续修改或删除。进行过删除、修改和增加操作的变更后内容，系统会自动比对变更前后变化的部分，并用不同的颜色给予提示，如图6-4所示。

图6-3　发明人变更

图6-4　新增发明人信息

以"申请人变更"为例，选择"申请人变更"标签页，在线业务办理平台自动推送变更前申请人的具体信息，对于变更后的申请人信息，可以进行删除和修改操作。如果需是增加申请人，可单击"新增"按钮，新增一个申请人，新增的申请人会显示在变更后的列表中。对于变更后的申请人，可以单击"修改"按钮，修改申请人信息，单击"删除"按钮，删除申请人，如图6-5所示。

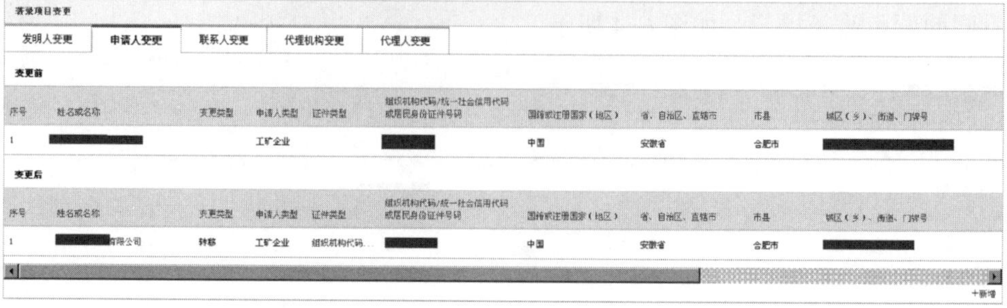

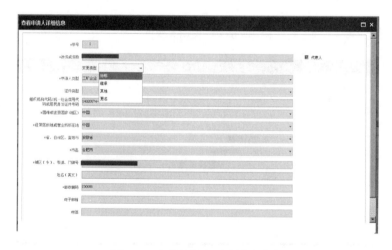

图 6-5　申请人变更

需要注意的是，申请人变更时，必须选择变更类型，具体包括：转移、继承、更名及其他。电子申请用户需要根据具体变更类型，提供不同的证明文件，并且将带星号的必填项目填写完整，如图 6-6 所示。

图 6-6　完整填写变更申请人信息

如需要连续变更，申请人可在页面下方"连续变更"栏中增加连续变更的申请人，单击"添加"按钮，进入连续变更页面，变更前显示第一次变更后的信息，在变更后栏中可以修改需要连续变更的信息。

如果需要变更联系人，选择"联系人变更"标签页，在联系人变更过程中，若没有联系人可新增，若已存在联系人，只能修改联系人，也可以删除联系人，如图 6-7 所示。

图 6-7 联系人变更

如果需要变更代理机构，单击"代理机构变更"标签页。代理机构变更过程中，若没有代理机构可新增，若已存在代理机构，只能修改代理机构，也可删除代理机构，如图 6-8 所示。

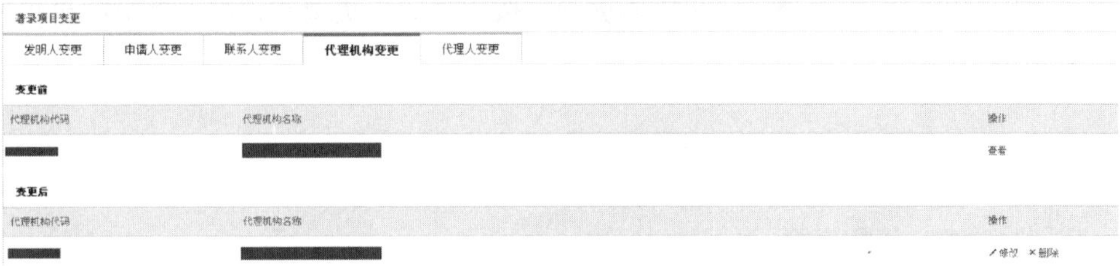

图 6-8 代理机构变更

如果需要变更代理人，单击"代理人变更"标签页。代理人变更过程中，若没有代理人可新增，若已存在两个代理人，则只能修改代理人，也可删除代理人，如图 6-9 所示。

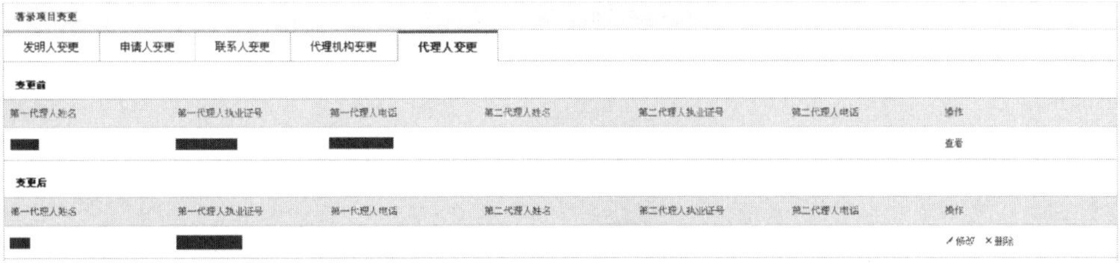

图 6-9 代理人变更

用户根据具体办理的变更事项，需要在"附加文件"栏上传相应的证明文件，并且填写证明文件的题录信息。如果证明文件已经在国家知识产权局专利局备案，可以在"证明文件备案"栏填写备案号，在线业务办理平台自动推送相关证明文件，不必另行上传。

用户还需要在"变更后电子申请用户"栏填写电子申请用户代码和电子申请用户名称，如图 6-10 所示，上述信息是系统校验变更提交权限的重要依据，用户需要注意。

图 6-10　填写变更后电子申请用户代码和名称

填写完毕所有项目后，可以单击"预览"按钮，系统将对所有填写信息进行校验，如果校验结果合格，可单击"提交"按钮完成变更请求，进入提交回执页，如图 6-11 所示。

图 6-11　系统显示合格校验信息

如果校验不合格，会显示相关提示信息，如图 6-12 所示。

图 6-12　系统显示不合格校验信息

根据用户请求变更的项目，在线业务办理平台会提示应当缴纳费用的信息，用户可以单击"提交"按钮缴纳费用，具体操作参见本书第8章介绍。

▶▶ **6.1.2　批量变更**

同一个申请人名下的案件变更项目相同时，可以请求批量变更，有关提交条件的规定如下：

（1）同一个申请人名下的案件；

（2）所有案件变更项目相同；

（3）批量著录项目变更数量最多支持 100 件案件；

（4）办理变更的申请号或者专利号（号单）的案件必须在同一个权限人名下；

（5）申请方式为在线电子申请，注意在线电子申请是指通过在线业务办理平台提交的电子申请。

在左侧"著录项目变更"子菜单栏里选择"批量变更"，页面默认显示案件查询结果列表页，单击"新业务办理"按钮，进入新业务办理页面，页面上方显示"导入 XLS 号单"按钮和"从历史案件中选择"按钮，增加要批量变更的号单，如图 6-13 所示，其他变更项目的操作同普通变更操作一样。

图 6-13　办理批量著录项目变更

▶▶ 6.1.3 第三方变更

第三方变更,指不是当前专利或专利申请的当事人提出的著录项目变更请求。通常情况是专利转让行为发生后,受让人提出的著录项目变更请求。这种情况下,在线业务办理平台不自动推送申请人信息,而由请求人提供更详细的专利或者专利申请的相关信息。单击左侧的"著录项目变更"子菜单栏的"第三方变更",单击"新业务办理"按钮,进入新业务办理页面,页面上方需要输入办理变更业务的申请号或专利号、发明创造名称和申请人或专利权人,操作步骤与办理普通变更操作一样,如图 6-14 所示。

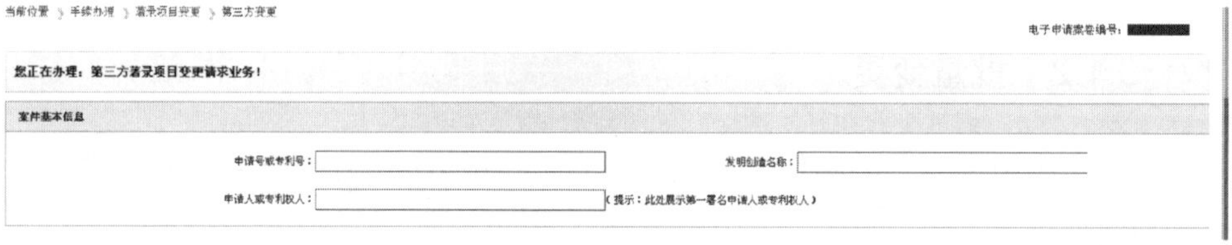

图 6-14　办理第三方变更

需要强调的是,第三方变更必须提供变更后的电子申请用户信息,以保证之后的通知书能够以电子方式发送到电子申请用户,参见图 6-15。

图 6-15　第三方变更后的电子申请用户

6.2　恢复权利请求

根据《专利法实施细则》第六条规定,申请人、专利权人或者其他当事人因不可抗拒的事由或正当理由延误法定期限或指定期限造成专利申请审查程序终止或者权利丧失的,可以在恢复期限内向国家知识产权局请求恢复权利。

由此可知,请求恢复权利应当符合一些基本要求,具体包括:恢复请求、恢复期限、恢复理由和恢复费用。对于不同类型的恢复权利理由,具体的要求有所不同。因《专利法实施细则》第六条第一款规定的不可抗拒事由而延误期限丧失权利的，办理恢复手续应当符合恢复请求、恢复期限和恢复理由的要求；因第六条第二款规定的正当理由延误期限而丧失权利的，办理恢复手续应当符合恢复请求、恢复期限、恢复理由和恢复费用四项要求。同时，申请人应当注意，办理恢复手续的同时，要补办相关手续以消除之前导致权利丧失的缺陷，系统中称为关联业务，具体可参见表6-1。

表6-1　办理恢复手续类型

恢　复　类　型	恢　复　手　续	关联业务（需要同时补办的手续）
无申请费视撤恢复	形式合格的恢复请求； 恢复请求在规定恢复期限之内提出； 合理的恢复理由（必要的证明文件）； 期限之内缴纳恢复费用1000元。	缴纳申请费及附加费
逾期未答复视撤恢复		答复之前的通知书
视为放弃专利权恢复		缴纳办理登记手续费用
未缴年费终止恢复		缴纳年费及滞纳金
实质审查请求逾期视撤		提交实审请求、缴纳实审费

在专利申请过程中，申请人（或专利权人）延误期限时，国家知识产权局专利局会发出相应的处分通知书。申请人（或专利权人）可以根据通知书类型提出具体的恢复请求。一般常见的类型有无申请费视撤恢复、逾期未答复视撤恢复、视为放弃专利权恢复、未缴年费终止恢复和实质审查请求逾期视撤恢复5种，此外还包括优先权视为未提出恢复、生物样品视为未保藏恢复和不丧失新颖性视为未要求恢复三种特殊类型。

▸▸ 6.2.1　恢复权利请求（通知书恢复）

1. 无申请费视撤恢复

无申请费视撤恢复，是指申请人延误了缴纳申请费的期限或未能缴纳足额的申请费（包括专利申请附加费），国家知识产权局专利局因在期限内未收到足额的申请费而发出了《视为撤回通知书》，此种类型的恢复请求简称为无申请费视撤恢复。在提交此类恢复请求时，需要补缴足额的申请费（专利申请附加费）。

单击导航菜单栏"手续办理"菜单，选择主界面左侧"恢复权利请求（通知书恢复）"子菜单栏中的"无申请费视撤恢复"，进入无申请费视撤恢复办理页面，页面默认显示案件查询结果列表页，如图6-16所示。

图 6-16 办理无申请费视撤恢复

选择要办理的通知书，单击"业务办理"按钮，进入业务办理页面，如图 6-17 所示。

图 6-17 填写无申请费视撤恢复信息

在业务办理页面，选择请求恢复权利的理由，在附加文件中单击上传、撰写可提交恢复理由证明，增加的附加文件可显示在附加文件列表中；输入证明文件备案信息，单击"预览"按钮，进入预览页面，在预览页单击"提交"按钮，进入提交回执页，如图 6-18 所示。用户可根据页面提示，通过"去缴费"按钮进入网上缴费页面缴纳费用。证明文件电子备案及缴纳费用的操作可详见本书第 10 章和第 8 章的介绍。

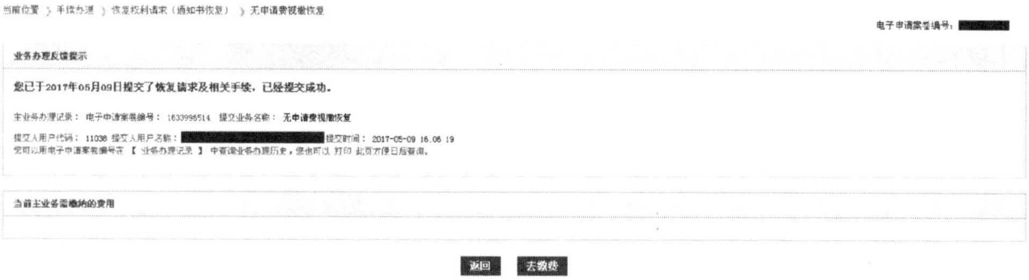

当前位置 ▷ 手续办理 ▷ 恢复权利请求（通知书恢复）▷ 无申请费视撤恢复

电子申请案卷（编号：██████）

业务办理反馈提示

您已于2017年05月09日提交了恢复请求及相关手续，已经提交成功。

本业务办理记录：电子申请案卷编号：1630996514 提交业务名称：无申请费视撤恢复

提交人用户代码：11038 提交人用户名称：██████ 提交时间：2017-05-09 16.06.19

您可以用电子申请审查播报在【业务办理记录】中查询业务办理历史，提交成功，打印此页方便日后查询。

当前本业务需缴纳的费用

[返回] [去撤卷]

图 6-18　成功办理无申请费恢复

2. 逾期未答复视撤恢复

逾期未答复视撤恢复，是指申请人延误了答复通知书的期限，国家知识产权局专利局因在期限内未收到申请人的答复而发出了《视为撤回通知书》，此种类型的恢复请求简称为逾期未答复视撤恢复。在提交此类恢复请求时，需要注意办理答复手续，消除导致视撤的缺陷。

单击导航菜单栏"手续办理"，选择主界面"恢复权利请求（通知书恢复）"子菜单栏中的"逾期未答复视撤恢复"，进入逾期未答复视撤恢复办理页面，页面默认显示案件查询结果列表页，选择要办理的专利申请，单击右上角"业务办理"按钮，进入业务办理页面，如图 6-19 所示。

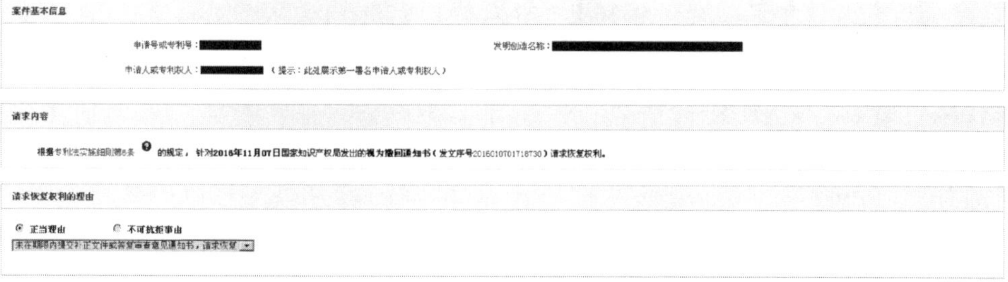

案件基本信息

申请号或专利号：██████ 发明创造名称：██████

申请人或专利权人：██████ （提示：此处显示第一署名申请人或专利权人）

请求内容

根据专利法实施细则第六条 的规定，针对2016年11月07日国家知识产权局发出的视为撤回通知书（文发序号2016C10T01T18T30）请求恢复权利。

请求恢复权利的理由

⊙ 正当理由 ○ 不可抗拒事由

未在期限内提交补正文件或答复审查意见通知书，请求恢复

图 6-19　办理逾期未答复视撤恢复

在业务办理页面，选择请求恢复权利的理由，增加附加文件、证明文件备案信息。单击关联业务的"添加"按钮，增加关联业务，即办理之前的答复手续。具体分为三种：答复补正、答复审查意见以及提交避免重复授权声明，如图 6-20 所示。

图 6-20　办理逾期未答复视撤恢复关联业务

以答复补正为例，选择"答复补正"，进入关联业务答复补正页面，可以单击"新增"，编辑具体补正内容，如图 6-21 所示。编辑结束后，单击"保存""预览"和"返回主业务"按钮，完成关联业务操作。单击"返回主业务"按钮，返回主业务页面后，可在页面中看到补正项目显示。

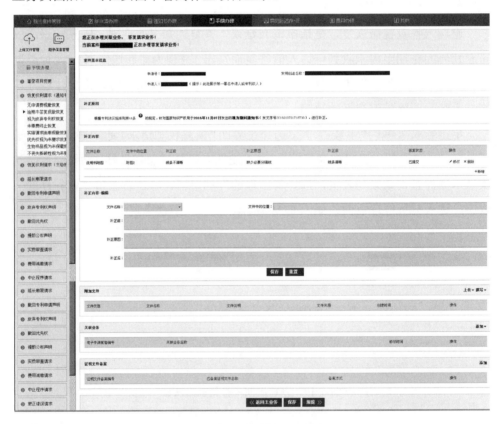

图 6-21　办理答复补正业务

填写完成后，单击"预览"按钮，进入预览页面，在预览页单击"提交"按钮，进入提交回执页。用户可根据页面的提示通过"去缴费"按钮进入网上缴费页面缴纳费用。

3. 视为放弃专利权恢复

视为放弃专利权恢复，是指申请人延误了《办登通知书》的期限，国家知识产权局专利局因在期限内未收到申请人的办登费用而发出了《视为放弃专利权通知书》，此种类型的恢复请求简称为视为放弃专利权恢复。在提交此类恢复请求时，需要注意办理办登手续，补缴办登费用。

单击导航菜单栏"手续办理"菜单，选择主界面左侧"恢复权利请求（通知书恢复）"子菜单栏中的"视为放弃专利权恢复"，进入视为放弃专利权恢复办理页面，页面默认显示案件查询结果列表页，如图 6-22 所示。

图 6-22　办理视为放弃专利权恢复

在业务办理页面，选择请求恢复权利的理由；完成填写项目后，单击"预览"按钮，进入预览页面，在预览页单击"提交"按钮，进入提交回执页，如图 6-23 所示。用户可根据提示，通过"去缴费"按钮进入网上缴费页面缴纳费用。

图 6-23　成功办理恢复权利请求

4. 未缴费终止恢复

未缴费终止恢复，是指申请人延误了缴纳年费（或滞纳金）的期限，国家知识产权局专利局因在期限内未收到足额的年费（或滞纳金）而发出了《专利权终止通知书》，此种类型的恢复请求简称为未缴费终止恢复。在提交此类恢复请求时，需要注意缴纳足额的年费（或滞纳金）。

单击导航菜单栏"手续办理"菜单，选择主界面左侧"恢复权利请求（通知书恢复）"子菜单栏中的"未缴费终止恢复"，进入未缴费终止恢复办理页面，页面默认显示案件查询结果列表页，选择要办理的专利申请，单击"业务办理"按钮，进入业务办理页面，如图 6-24 所示。

图 6-24　办理未缴费终止恢复

在业务办理页面，选择请求恢复权利的理由，单击"预览"按钮，进入预览页面，确认后单击"提交"按钮，如图 6-25 所示。用户可根据页面的提示，通过"去缴费"按钮进入网上缴费页面缴纳费用。

5. 实审请求逾期视撤恢复

实审请求逾期视撤恢复，是指申请人延误了提出实质审查请求的期限，国家知识产权局专利局因在期限内未收到实审请求而发出了《视为撤回通知书》，此种类型的恢复请求简称为实审请求逾期视撤恢复。在提交此类恢复请求时，需要注意提交实质审查请求，消除导致视撤的缺陷。

单击导航菜单栏"手续办理"菜单，选择主界面左侧"恢复权利请求（通知书恢复）"子菜单栏中的"实审请求逾期视撤恢复"，进入实审请求逾期视撤恢复办理页面，页面默认显示案件查询结果列表页，选择要办理的专利申请，单击"业务办理"按钮，进入业务办理页面，如图6-26所示。

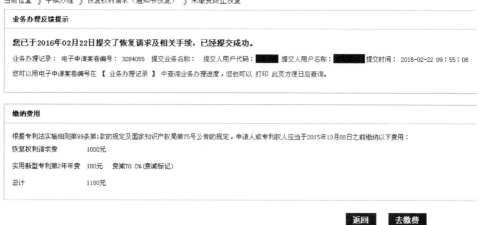

图 6-25　成功办理未缴费终止恢复

图 6-26　办理实审请求逾期视撤恢复

　　在业务办理页面，选择请求恢复权利的理由，必要时增加附加文件、证明文件备案信息。实审请求逾期视撤恢复必须办理的关联业务是补办实质审查请求手续。单击关联业务栏的"新增"按钮，进入实质审查请求业务办理页面，如图6-27所示。

　　进入实质审查请求业务办理页面后，办理实质审查请求业务，具体操作参见6.8节介绍。办理结束后返回主业务页面，继续办理恢复业务。在主业务办理页面，提交结束后单击"预览"按钮，在预览页单击"提交"按钮，进入提交回执页。用户可根据页面的提示通过"去缴费"按钮进入网上缴费页面缴纳费用。

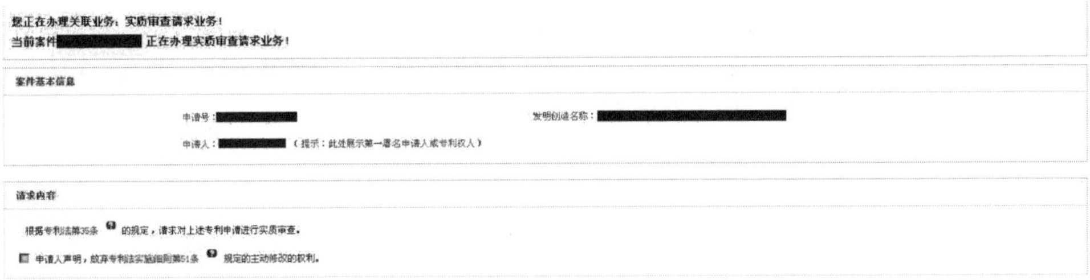

图 6-27　办理实审请求逾期视撤恢复关联业务

6. 优先权视为未提出恢复

根据《专利法》规定，专利申请可以依照国际协议或国际条约，或依照相互承认优先权的原则要求优先权，要求优先权除应在规定期限内提出声明以外，还应办理相应的手续。例如，缴纳优先权费、正确填写优先权声明信息，提交优先权文件副本和优先权转让证明等。不符合上述相关规定的，将视为未要求优先权，国家知识产权局专利局将会发出《视为未要求优先权通知书》。优先权视为未提出恢复是指申请人在要求优先权时存在缺陷，导致国家知识产权局专利局发出了《视为未要求优先权通知书》，此种类型的恢复请求简称为优先权视为未提出恢复。在提交此类恢复请求时，需要注意补正优先权信息，消除相关的缺陷。

单击导航菜单栏"手续办理"菜单，选择主界面左侧"恢复权利请求（通知书恢复）"子菜单栏中的"优先权视为未提出恢复"，进入优先权视为未提出恢复办理页面，页面默认显示案件查询结果列表页，选择要办理的专利申请，单击"业务办理"按钮，进入业务办理页面，如图 6-28 所示。

进入优先权视为未提出恢复入口页，在业务办理页面，选择请求恢复优先权的理由，必要时增加附加文件、证明文件备案信息，单击"预览"按钮，在预览页单击"提交"按钮，进入提交回执页，如图 6-29 所示。

图 6-28　办理优先权视为未提出恢复

图 6-29　成功办理优先权视为未提出恢复

7. 生物样品视为未保藏恢复

根据《专利法实施细则》规定，涉及生物材料样品保藏的发明专利申请，除了提交专利申请文件以外，还应当按照规定办理生物材料样品保藏手续。例如，在请求书中填写生物材料样品的信息，提交生物材料样品保藏证明和存活证明等。不符合相关规定的，生物材料样品将视为未保藏，国家知识产权局专利局将发出《生物材料样品视为未保藏通知书》。生物样品视为未保藏恢复是指申请人在办理生物材料样品保藏手续时存在缺陷，导致国家知识产权局专利局发出了《生物材料样品视为未保藏通知书》，此种类型的恢复请求简称为生物样品视为未保藏恢复。在提交此类恢复请求时，需要注意补正生物材料样品保藏手续，消除相关的缺陷。

单击导航菜单栏"手续办理"菜单，选择主界面左侧"恢复权利请求（通知书恢复）"子菜单栏中的"生物样品视为未保藏恢复"，进入生物样品视为未保藏恢复办理页面，页面默认显示案件查询结果列表页，选择要办理的专利申请，单击"业务办理"按钮，进入业务办理页面，如图 6-30 所示。

图 6-30　办理生物样品视为未保藏恢复

　　进入生物样品视为未保藏恢复入口页，在业务办理页面，选择请求恢复生物样品保藏的理由，必要时增加附加文件、证明文件备案信息，单击"预览"按钮，在预览页单击"提交"按钮，进入提交回执页，如图 6-31 所示。

图 6-31　成功办理生物样品视为未保藏恢复

8. 不丧失新颖性视为未要求恢复

　　根据《专利法实施细则》规定，申请人要求不丧失新颖性宽限期的应当办理相应的手续。例如，在申请日前 6 个月内，有《专利法》第二十四条规定中第（一）项或者第（二）项情形的，申请人应当在提出专利申请时提出声明，自申请日起 2 个月内提交相关证明文件；有《专利法》第二十四条规定中第（三）项的情形，若申请人在申请日前已获知，应当在提出专利申请时提出声明，自申请日起 2 个月内提交相关证明文件；若申请人在申请日后得知得，应当在得知情况后 2 个月内提出不丧失新颖性宽限期声明，并附具证明材料。国家知识产权局专利局认为必要时，可以要求申请人在指定期限内提交证明文件。办理手续不符合相关规定的，视为未要求不丧失新颖性宽限期，国家知识产权局专利局发出《视为未要求不丧失新颖性通知书》。不丧失新颖性视为未要求恢复是指申请人在不丧失新颖性手续时存在缺陷，导致国家知识产权局专利局发出了《视为未要求不丧失新颖性通知书》，此种类型的恢复请求简称为不丧失新颖性视为未要求恢复。在提交此类恢复请求时，需要注意补正不丧失新颖性请求的手续，消除相关的缺陷。

单击导航菜单栏"手续办理"菜单，选择主界面左侧"恢复权利请求（通知书恢复）"子菜单栏中的"不丧失新颖性视为未要求恢复"，进入不丧失新颖性视为未要求恢复办理页面，页面默认显示案件查询结果列表页，选择要办理的专利申请，单击"业务办理"按钮，进入业务办理页面，如图6-32所示。

图6-32　办理不丧失新颖性视为未要求恢复

进入不丧失新颖性视为未要求恢复入口页，在业务办理页面，选择请求恢复不丧失新颖性要求的理由，必要时增加附加文件、证明文件备案信息，单击"预览"按钮，进入预览页面，在预览页单击"提交"按钮，进入提交回执页，如图6-33所示。

图6-33　成功办理不丧失新颖性视为未要求恢复

►► **6.2.2　恢复权利请求（主动恢复）**

在实际情况中，申请人（或专利权人）延误期限时，也会在国家知识产权局专利局发出相应处分通知书之前主动办理恢复手续，此种情况称为主动恢复。主动恢复的类型也包括无申请费视撤恢复、逾期未答复视撤恢复、视为放弃专利权恢复、未缴年费终止恢复和实质审查请求逾期视撤恢复 5 种。此外还包括优先权视为未提出恢复、生物样品视为未保藏恢复和不丧失新颖性视为未要求恢复 3 种特殊类型。办理主动恢复的操作同通知书恢复一样。

6.3　延长期限请求

目前，国家知识产权局专利局发布的专利表格"延长期限请求书"中的第②栏"请求内容"如下：

"② 请求内容：

□根据《专利法实施细则》第六条第 4 款的规定，请求延长国家知识产权局于_____年_____月_____ 日发出的_____通知书（发文序号_____）中指定的期限。

请求延长的时间：□一个月　　□二个月

□根据《专利法实施细则》第八十六条第 3 款的规定，请求延长上述专利申请或者专利的中止程序。"

单击导航菜单栏"手续办理"菜单，主界面左侧"延长期限请求"子菜单栏中包括"普通期限延长"和"中止期限延长"，分别对应的是上述延长期限请求书中的"②请求内容"的两种情形，如图 6-34 所示。

图 6-34　办理延长期限请求

▶▶ 6.3.1　普通期限延长

当事人请求延长国务院专利行政部门指定的期限的，应当在期限届满前，向国务院专利行政部门说明理由并办理有关手续。普通期限延长即是指该指定期限的延长。

1. 可以延长的指定期限

指定期限是指国家知识产权局在根据《专利法》及其实施细则发出的各种通知书中，规定申请人或专利权人、其他当事人作出答复或者进行某种行为的期限。国家知识产权局专利局发出的下列通知书中指定期限可以办理延长期限请求。

可以延长的通知书类型如下。

（1）公用通知类（通知书代码及类型）：

200029 办理手续补正通知书；

200032 办理恢复权利手续补正通知书。

（2）实用新型通知类：

220301 第 N 次审查意见通知书；

220302 第 N 次补正通知书。

（3）发明实审通知类：

210401 第一次审查意见通知书；

210402 第一次审查意见通知书（进入国家阶段的 PCT 申请）；

210403 第 N 次审查意见通知书；

210404 提交资料通知书；

210405 分案通知书；

210415 避免重复授权通知书；

210409 改正译文错误通知书；

210412 缴纳单一性恢复费通知书（进入国家阶段的 PCT 申请）。

（4）发明初审通知类：

210301 审查意见通知书；

210302 补正通知书。

（5）外观设计通知类：

230301 补正通知书；

230302 审查意见通知书。

（6）PCT 发明/新型：

250303 修改文件缺陷通知书；

21030108 审查意见通知书；

21030208 补正通知书。

2. 普通延长的办理

单击导航菜单栏"手续办理"菜单，选择主界面左侧 "延长期限请求"子菜单栏中的"普通期限延长"，进入普通期限延长办理页面，在查询操作区单击"查询"按钮，在下方显示可办理此项业务的案件详细信息；或者输入申请号，单击"查询"按钮，直接定位需要办理业务的专利案件，如图 6-35 所示。

图 6-35　选择办理普通延长请求案件

选择该专利案件，单击右上角的"业务办理"按钮进入业务办理页面，如图 6-36 所示。

图 6-36 办理普通延长请求手续

用户选择请求延长的期限，可以是一个月或者二个月，并在"请求延长期限的理由"栏下方填写请求延长期限的理由。填写完成后，单击"保存"和"预览"按钮，确认无误后单击"提交"按钮完成操作。用户可以在单击"提交"后弹出的界面中单击"去缴费"按钮进行网上缴费。第一次请求延长期限的请求费每月300 元，针对同一通知或者决定中指定的期限再次请求延长的请求费每月 2000 元。

用户操作区右下角的"上传""撰写"和"添加"按钮，对于普通延长请求而言，一般不涉及此项操作，若无特殊情况，用户无须操作。

▶▶ 6.3.2 中止期限延长

当事人可以请求延长专利申请或者专利的中止程序，涉及请求延长权属纠纷的当事人请求中止的期限或者因协助执行财产保全而中止的期限。

单击导航菜单栏"手续办理"菜单，选择主界面左侧"延长期限请求"子菜单栏中的"中止期限延长"，进入中止期限延长办理页面，在查询操作区单击"查询"按钮，在下方显示可办理此项业务的案件详细信息；或者输入申请号，单击"查询"按钮，直接定位需要办理业务的专利案件，如图 6-37 所示。

图 6-37 选择办理中止延长手续

选择该专利案件，单击右上角的"业务办理"按钮进入业务办理页面，如图 6-38 所示。

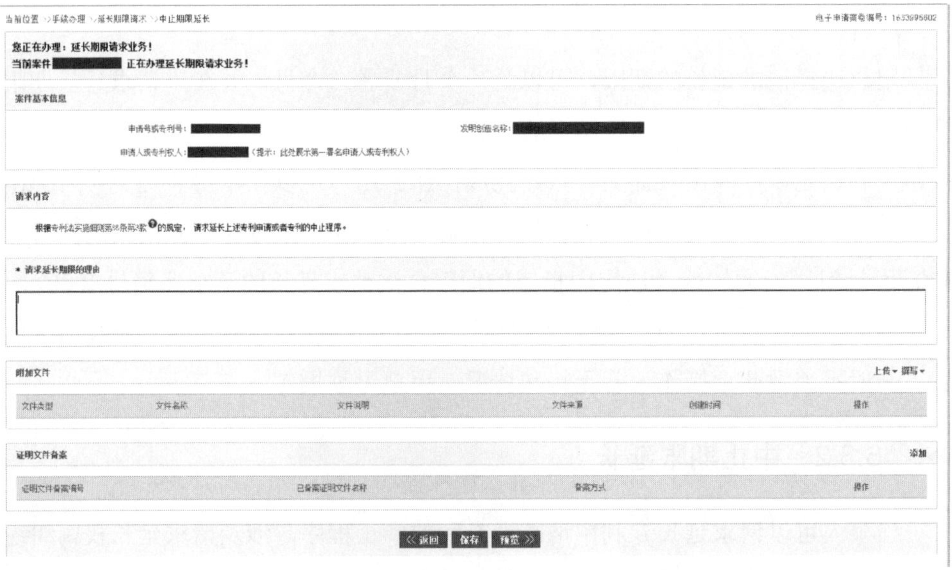

图 6-38 办理中止延长手续

用户在"请求延长期限的理由"栏下方填写请求延长期限的理由，并根据需要，单击"上传""撰写"和"添加"按钮分别完成"附加文件"和"证明文件备案"内容。单击"保存"和"预览"按钮，确认无误后单击"提交"按钮完成操作。

需要说明的是，中止期限的延长不需缴纳费用。

6.4　撤回专利申请声明

单击导航菜单栏"手续办理"菜单，单击主界面左侧"撤回专利申请声明"子菜单，在查询操作区单击"查询"按钮，在下方显示可办理此项业务的案件详细信息；或者输入申请号，单击"查询"按钮，直接定位需要办理业务的专利案件，如图6-39所示。

图6-39　选择办理撤回专利申请声明案件

选中该专利案件，单击"业务办理"按钮，进入具体专利案件的业务办理页面，如图6-40所示。

用户根据需要单击"上传""撰写"和"添加"按钮分别完成"附加文件"和"证明文件备案"内容。单击"保存"和"预览"按钮，确认无误后单击"提交"按钮完成操作。

需要说明的是，如果专利申请的申请人是唯一的并且未委托专利代理机构的，单击"预览""保存"和"提交"按钮后，即可完成该手续的办理。如果专利申请的申请人是非唯一的，或者是专利申请委托了专利代理机构的，用户需要在图6-40中的用户操作区，通过"上传"或者"撰写"按钮提交"全体申请人同意撤回专利申请的证明"的纸件文件的扫描件，或者通过"添加"按钮添加证明文件备案编号。图 6-40 通过"上传""撰写"按钮附加了文件名称为"全体申请人同意撤回专利申请的证明"的其他证明文件，该文件可以通过"修改""删除"按钮进行操作。

图 6-40　办理撤回专利申请声明

6.5　放弃专利权声明

现版的专利表格—放弃专利权声明中的第②栏"声明内容"如下：

"②声明内容：

□根据《专利法》第四十四条第一款第 2 项的规定，专利权人声明放弃上述专利权。

□根据《专利法》第九条第一款的规定，专利权人声明放弃上述专利权。

注：同样的发明创造申请号为＿＿＿＿＿＿＿＿＿＿。

□无效宣告程序中，根据《专利法》第九条第一款的规定，专利权人声明放弃上述专利权。

注：同样的发明创造专利号为＿＿＿＿＿＿＿＿＿＿。"

单击导航菜单栏"手续办理"菜单，主界面左侧 "放弃专利权声明"子菜单栏中包括"主动放弃""避免重复授权"和"无效宣告",分别对应的是上述放弃专利权声明中的"② 请求内容"的三种情形,如图6-41所示。

图6-41 办理放弃专利权声明

►► 6.5.1 主动放弃

单击导航菜单栏"手续办理"菜单,选择主界面左侧 "放弃专利权声明"子菜单栏中的"主动放弃",进入主动放弃办理页面,在查询操作区单击"查询"按钮,在下方显示可办理此项业务的案件详细信息;或者输入申请号,单击"查询"按钮,直接定位需要办理业务的专利案件,如图6-42所示。

图6-42 选择办理主动放弃案件

选中该专利案件，单击"业务办理"按钮，进入具体专利案件的业务办理页面，如图 6-43 所示。

图 6-43　办理主动放弃

用户根据需要单击"上传""撰写"和"添加"按钮分别完成"附加文件"和"证明文件备案"内容。单击"保存"和"预览"按钮，确认无误后单击"提交"按钮完成操作。

需要说明的是，如果专利权人是唯一的并且未委托专利代理机构的，单击"预览""保存"和"提交"按钮后，即可完成该手续的办理。如果专利权人是非唯一的，或者是专利委托了专利代理机构的，用户需要在上图中的用户操作区，通过"上传"或者"撰写"按钮提交"全体专利权人同意放弃专利权的证明"的纸件文件扫描件，或者通过"添加"按钮添加证明文件备案编号。

▶▶ 6.5.2　避免重复授权

单击导航菜单栏"手续办理"菜单，选择主界面左侧 "放弃专利权声明"子菜单栏中的"避免重复授权"，进入避免重复授权办理页面，在查询操作区单击"查询"按钮，在下方显示可办理此项业务的案件详细信息；或者输入申请号，单击"查询"按钮，直接定位需要办理业务的专利案件，如图 6-44 所示。

168

图 6-44　选择办理避免重复授权案件

选中该专利案件，单击"业务办理"按钮，进入具体专利案件的业务办理页面，如图 6-45 所示。

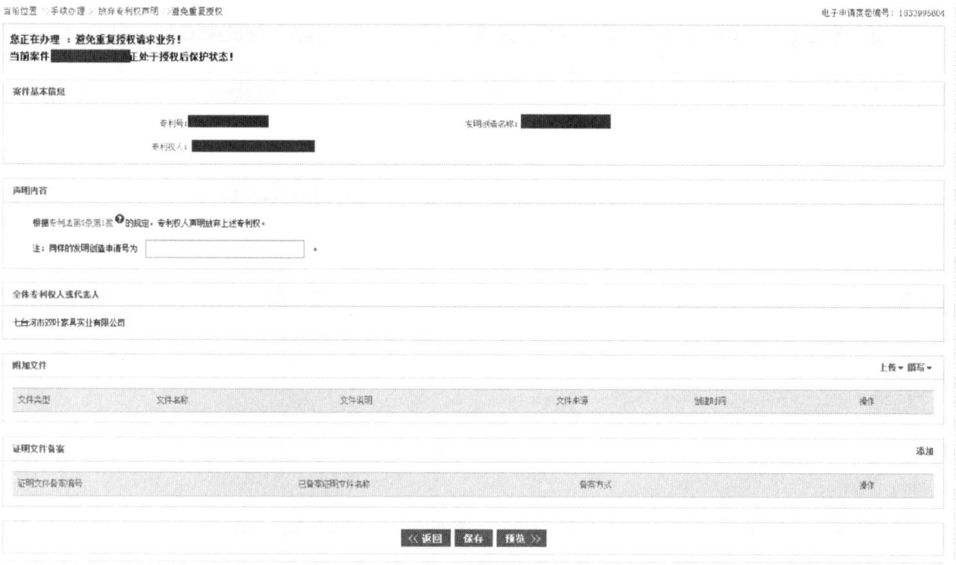

图 6-45　办理避免重复授权

用户应当在"声明内容"栏中填写同样的发明创造申请号，并根据需要，单击"上传""撰写"和"添加"按钮分别完成"附加文件"和"证明文件备案"内容。单击"保存"和"预览"按钮，确认无误后单击"提交"按钮完成操作。

需要说明的是，如果专利权人是唯一的并且未委托专利代理机构的，单击"预览""保存"和"提交"按钮后，即可完成该手续的办理。如果专利权人是非唯一的，或者是专利委托了专利代理机构的，用户需要在上图中的用户操作区，通过"上传"或者"撰写"按钮提交"全体专利权人同意放弃专利权的证明"的纸件文件扫描件，或者通过"添加"按钮添加证明文件备案编号。

►►► 6.5.3　无效宣告

单击导航菜单栏"手续办理"菜单，选择主界面左侧 "放弃专利权声明"子菜单栏中的"无效宣告"，进入无效宣告办理页面，在查询操作区单击"查询"按钮，页面下方显示可办理此项业务的案件详细信息；或者输入申请号，单击"查询"按钮，直接定位需要办理业务的专利案件，如图6-46所示。

图6-46　选择办理无效宣告案件

选中该专利案件，单击"业务办理"按钮进入具体专利案件的业务办理页面，如图6-47所示。

用户应当在"声明内容"栏中填写同样的发明创造申请号，并根据需要，单击"上传""撰写"和"添加"按钮分别完成"附加文件"和"证明文件备案"内容。单击"保存"和"预览"按钮，确认无误后单击"提交"按钮完成操作。

图 6-47　办理无效宣告放弃案件

需要说明的是，如果专利权人是唯一的并且未委托专利代理机构的，单击"预览""保存"和"提交"按钮后，即可完成该手续的办理。如果专利权人是非唯一的，或者是专利申请委托了专利代理机构的，用户需要在上图中的用户操作区，通过"上传"或者"撰写"按钮提交"全体专利权人同意放弃专利权的证明"的纸件文件扫描件，或者通过"添加"按钮添加证明文件备案编号。

6.6　撤回优先权

单击导航菜单栏"手续办理"菜单，单击主界面左侧"撤回优先权"子菜单，在查询操作区单击"查询"按钮，在下方显示可办理此项业务的案件详细信息；或者输入申请号，单击"查询"按钮，直接定位需要办理业务的专利案件，如图 6-48 所示。

选中该专利案件，单击"业务办理"按钮进入具体专利案件的业务办理页面，如图 6-49 所示。

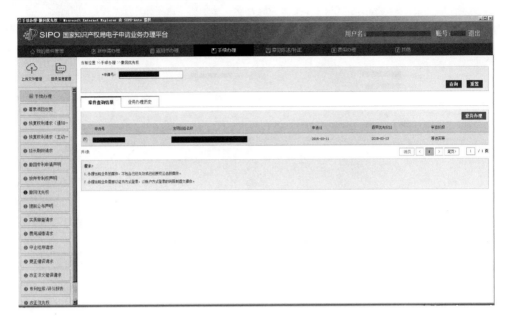

图 6-48　选择办理撤回优先权案件

图 6-49　办理撤回优先权

用户应当在"申请人声明撤回下列优先权"栏的下方勾选相应的优先权事项，并根据需要，单击"上传""撰写"和"添加"按钮分别完成"附加文件"和

"证明文件备案"内容。单击"保存"和"预览"按钮，确认无误后单击"提交"按钮完成操作。

需要说明的是，如果专利权人是唯一的并且未委托专利代理机构的，单击"预览""保存"和"提交"按钮后，即可完成该手续的办理。如果专利权人是非唯一的，或者是专利申请委托了专利代理机构的，用户需要在上图中的用户操作区，通过"上传"或者"撰写"按钮提交"全体申请人同意撤回优先权的证明"的纸件文件扫描件，或者通过"添加"按钮添加证明文件备案编号。

6.7 提前公布声明

单击导航菜单栏"手续办理"菜单，单击主界面左侧 "提前公布声明"子菜单，在查询操作区单击"查询"按钮，页面下方显示可办理此项业务的案件详细信息；或者输入申请号，单击"查询"按钮，直接定位需要办理业务的专利案件，如图 6-50 所示。

图 6-50　选择办理提前公布声明案件

选中该专利案件，单击"业务办理"按钮进入具体专利案件的业务办理页面，如图 6-51 所示。

用户单击"保存"和"预览"按钮，确认无误后单击"提交"按钮完成操作，如图 6-52 所示。

图 6-51　办理提前公布声明

图 6-52　预览提前公布声明业务办理

6.8　实质审查请求

单击导航菜单栏"手续办理"菜单，单击主界面左侧 "实质审查请求"子菜单，在查询操作区单击"查询"按钮，在下方显示可办理此项业务的案件详细信息；或者输入申请号，单击"查询"按钮，直接定位需要办理业务的专利案件，如图 6-53 所示。

选中该专利案件，单击"业务办理"按钮，进入具体专利案件的业务办理页面，如图 6-54 所示。

用户可以在"请求内容"栏的下方选择是否勾选"申请人声明，放弃专利法实施细则第 51 条规定的主动修改的权利"，并根据需要，单击"上传""撰写"按钮完成"上传文件和参考资料"，单击"添加"按钮完成"关联业务"和"证明文件备案"内容。之后单击"保存"和"预览"按钮，确认无误后单击"提交"按钮完成操作。

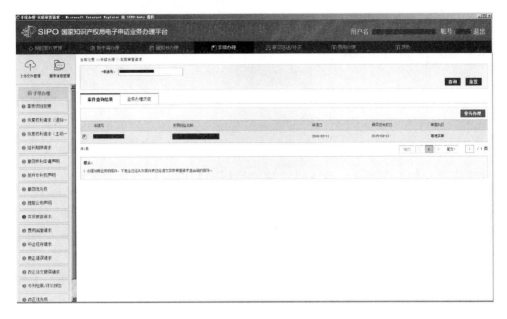

图 6-53　选择办理实质审查请求案件

图 6-54　办理实质审查请求

6.9 中止程序请求

当事人因专利申请权或专利权的归属发生纠纷，已请求管理专利工作的部门调解或者向人民法院起诉的，可以请求国务院专利行政部门中止有关程序。依照前款规定请求中止有关程序的，应当向国务院专利行政部门提交请求书，并附具管理专利工作的部门或人民法院的写明专利申请号或者专利号的有关受理文件副本。

▶▶ 6.9.1 主动中止程序请求

单击导航菜单栏"手续办理"菜单，选择主界面左侧 "中止程序请求"子菜单中的"主动中止"，页面默认显示案件查询结果列表页，输入申请号，查询出需要办理主动中止的专利，选择该专利案件，单击"业务办理"按钮，进入业务办理页面，如图 6-55 所示。

图 6-55　办理主动中止

在业务办理页面的请求人栏输入相关信息，增加附加的证明文件，注意中止请求必须提供详细的相关当事人信息，如图 6-56 所示。

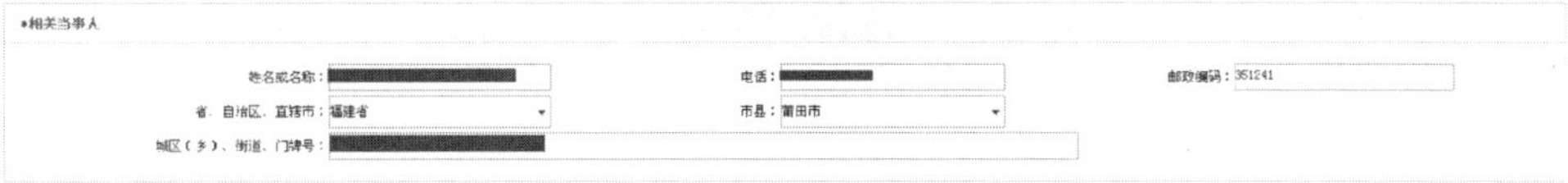

图 6-56　填写详细的当事人信息

在输入相关当事人信息后，单击"预览"按钮，如图 6-57 所示。

图 6-57　预览中止请求业务办理

177

在预览页单击"提交"按钮，完成中止手续办理，如图 6-58 所示。

图 6-58　完成中止手续办理

►► 6.9.2　第三方中止程序请求

单击导航菜单栏"手续办理"菜单，选择主界面左侧"中止程序请求"子菜单中的"第三方中止"，进入第三方中止请求办理页面，输入申请号，查询出需要办理第三方中止的专利，选择该专利案件，单击"业务办理"按钮，进入业务办理页面，如图 6-59 所示。

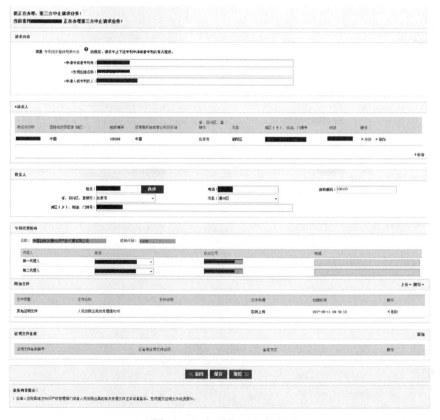

图 6-59　办理第三方中止

在业务办理页面输入办理第三方中止的专利申请或专利的信息，在请求人栏输入相关信息，增加附加的证明文件，单击"预览"按钮，如图 6-60 所示。

图 6-60　第三方中止办理预览页面

在预览页，单击"提交"按钮，如图 6-61 所示。

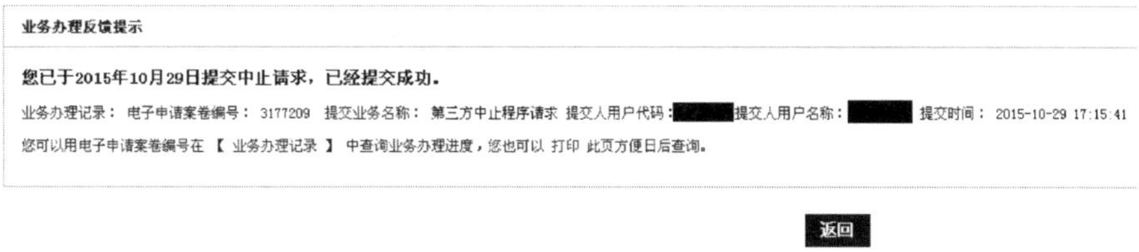

图 6-61　成功办理第三方中止

179

6.10　更正错误请求

通常，更正错误请求是一项不经常使用的业务，很多申请人不了解其业务的相关规定。因此，本节先介绍一些相关业务知识。

▶▶6.10.1　更正范围与提出方式

一件专利从申请到获得专利权，需要经过多个环节，相关的专利信息会发生多次变化。在专利审批逐渐向电子化过渡的趋势下，专利信息数据也会被多次加工。除上述两个客观原因外，在信息录入、出版校对等环节的人为过失都会造成专利信息的错误。这些错误的信息如果出现在国务院专利行政部门出版的专利公报、专利单行本或专利证书中，将给专利权人、发明人及社会公众造成不良影响，甚至引起相关利益的丧失。

根据《专利法实施细则》第五十八条的规定：国务院专利行政部门对专利公告、专利单行本中出现的错误，一经发现，应当及时更正，并对所作更正予以公告。

专利证书由证书页和专利单行本构成，所以对专利公告、专利单行本以及专利证书中出现的错误，可以通过提出更正错误请求的方式提出。更正错误请求使用的专用表格为《更正错误请求书》。

基于上述更正错误请求的范围可知，对于发明专利申请，可以针对发明专利申请公布公告及公布文本请求更正；在初步审查合格之前，不必通过提交更正错误请求书的方式更正错误；对于三种专利，则可以针对授权公告、授权文本以及专利证书请求更正。对于没有出现在专利公告、专利单行本以及专利证书中的错误，由于错误没有公开，申请人（或专利权人）可以通过意见陈述等方式沟通，在审查过程中加以纠正。这些信息可参见更正错误请求提交页面最下方的"业务向导提示栏"中的内容。

▶▶ 6.10.2　更正、修改和变更的概念

在实际中，当事人经常混淆更正错误、著录项目变更与文件修改的概念。更正与变更和修改的最大不同之处在于，更正的前提是基于错误的信息。狭义而言，

更正错误请求手续只是针对专利公告、专利单行本和专利证书中出现的错误。

相对于更正而言，变更和修改的前提并非基于错误。《专利法》意义上的修改一般是针对专利申请文件，对修改的内容、范围和时机都有明确的规定。例如，申请人在提出实质审查请求时，可以同时提交主动修改权利要求书、说明书等专利文件。这种修改本身是申请人的权利，并不是申请人提交的文件存在"错误"，因而也就没有更正的必要。

《专利法》意义上的变更是针对著录项目，办理著录项目变更手续需要提交专用的表格《著录项目变更申报书》，必要时要提交相应的证明文件，缴纳规定的费用。同样的道理，申请人相关的信息因权利转让、办公地址迁移等原因发生变化，需要更改相关信息，这并不是错误，而是正常的改变，也同样不存在必须要"更正"的"错误"。

▶▶ 6.10.3　请求更正错误的手续办理

单击导航菜单栏"手续办理"菜单，选择主界面左侧 "更正错误请求"，进入更正错误请求办理页面，单击"查询"按钮，在下方即显示可办理此项业务的专利案件详细信息，也可以输入申请号，直接定位需要办理业务的专利案件。选择该专利案件，单击"业务办理"按钮，进入专利案件的更正错误请求提交页面，如图 6-62 所示。

图 6-62　办理更正错误

181

在"更正内容"栏中，申请人可以单击页面右侧"新增"按钮，使用下拉选项列表选择更正项目，如果选择更正文本，则需要继续填写具体的文件名称、文件中的位置，例如授权文本中的说明书第 0021 段中"图 1 所示 CPU"错误。输入具体内容后单击"保存"按钮，可以将更正项目的具体内容保存。在"更正项目"栏中，可以单击某一个更正项目之后的"修改"按钮进行编辑，或者单击"删除"按钮删除现有的更正项目，如图 6-63 所示。

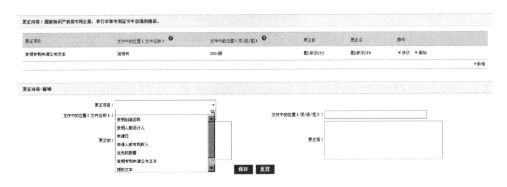

图 6-63　填写更正信息

对于明显的无异议的错误，申请人可以直接在更正理由栏中加以说明。对于需要提交证明文件的，则需要在附件文件栏上传相关的文件，也可以使用已经备案的文件，如图 6-64 所示。

图 6-64　填写其他更正信息

具体更正项目及相关文件提交后，需要单击最下方一排绿色按钮中的"保存"按钮，将全部内容保存。然后单击"预览"按钮，系统自动校验填写内容，校验通过后可以单击"提交"按钮，提交整个更正错误请求。提交成功后，页面提示并给出回执信息，如图 6-65 所示。

图 6-65　成功办理更正错误请求

6.11　改正译文错误请求

目前使用的专利表格"改正译文错误请求书（进入国家阶段的国际申请适用）"中的第②栏"请求内容"如下：

"②请求内容

□根据《专利法实施细则》第一一三条的规定，对申请文件的中文译文进行修改。

□针对国家知识产权局于_____年____月_____日发出的_____通知书（发文序号_____），进行译文改正。"

单击导航菜单栏"手续办理"菜单，在主界面左侧"改正译文错误请求"子菜单栏中包括"改正译文错误主动修改"和"改正译文错误答复类"，分别对应的是上述改正译文错误请求书中的"②请求内容"的两种情形，如图 6-66 所示。

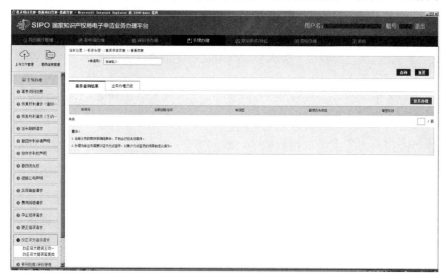

图 6-66　办理改正译文错误请求

▶▶ 6.11.1 改正译文错误主动修改

单击导航菜单栏"手续办理"菜单，选择主界面左侧 "改正译文错误请求"子菜单中的"改正译文错误主动修改"，在查询操作区单击"查询"按钮，在下方即显示可办理此项业务的专利案件详细信息，也可以输入申请号，通过查询直接定位需要办理业务的专利案件，如图 6-67 所示。

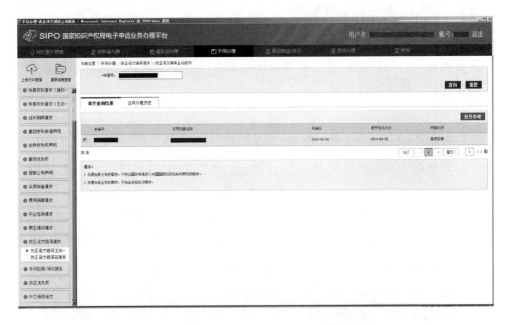

图 6-67　选择办理改正译文错误主动修改案件

选中该专利案件，单击"业务办理"按钮，进入改正译文错误办理页面，如图 6-68 所示。

在"改正内容"栏中单击右侧的"新增"，即在"更正内容—新增"的下方区域填写"文件名称、文件中的位置、改正前、改正后"的内容，单击该区域中的"保存"按钮后，填写的内容即显示在"改正内容"栏的下方。用户根据需要，单击"上传""撰写"和"添加"按钮分别完成"附加文件"和"证明文件备案"内容。单击"保存"和"预览"按钮，确认无误后单击"提交"按钮完成操作。

需要说明的是，在初审阶段办理改正译文错误手续，应当缴纳译文改正费 300 元。

184

图 6-68　办理改正译文错误请求

►► 6.11.2　改正译文错误请求答复类

单击导航菜单栏"手续办理"菜单，选择主界面左侧　"改正译文错误请求"子菜单中的"改正译文错误请求答复类"，在查询操作区单击"查询"按钮，在下方即显示可办理此项业务的专利案件详细信息，也可以输入申请号，通过查询直接定位需要办理业务的专利案件，如图 6-69 所示。

选中该专利案件，单击"业务办理"按钮，进入具体专利案件的业务办理页面，如图 6-70 所示。

在"请求内容"栏中，在线业务办理平台自动推送专利案件当前的相关通知书。

在"改正内容"栏中单击右侧的"新增"，即在"更正内容—新增"的下方区域填写"文件名称、文件中的位置、改正前、改正后"的内容，单击该区域中的"保存"按钮后，填写的内容即显示在"改正内容"栏的下方。用户根据需要，单击"上传""撰写"和"添加"按钮分别完成"附加文件"和"证明文件备案"内容。单击"保存"和"预览"按钮，确认无误后单击"提交"按钮完成操作。

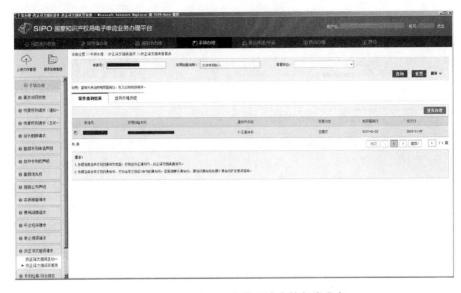

图 6-69　办理改正译文错误请求答复类业务

图 6-70　填写改正译文错误信息

需要说明的是，在实审阶段办理改正译文错误手续，应当缴纳译文改正费1200元。

186

6.12 实用新型专利检索报告

单击导航菜单栏"手续办理"菜单，选择主界面左侧 "专利检索/评价报告"子菜单中的"实用新型专利检索报告"，在查询操作区单击"查询"按钮，在下方即显示可办理此项业务的专利案件详细信息，也可以输入申请号，通过查询直接定位需要办理业务的专利案件，如图 6-71 所示。

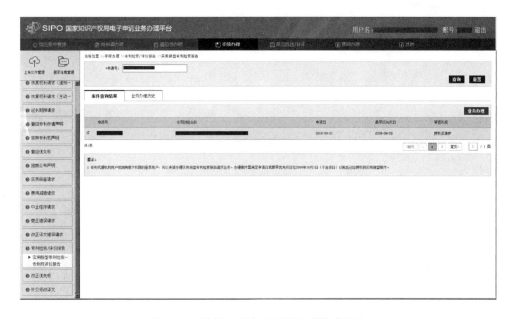

图 6-71　选择办理实用新型专利检索报告

选中该专利案件，单击"业务办理"按钮，进入具体专利案件的业务办理页面，如图 6-72 所示。

在"请求内容"和"请求人"栏中，在线业务办理平台已经自动推送并展示出相关信息。如果办理该手续的用户是全程代理本案的专利代理机构，或者是被委托仅办理实用新型专利检索报告的专利代理机构，用户需要在推送的"专利代理机构"下方的列表中选择相关的代理人，如图 6-72 所示。

图 6-72　办理实用新型专利检索报告

如果办理该手续的用户是专利案件的专利权人，用户需要填写"收件人"的相关信息：姓名、电话、邮政编码和详细地址，如图 6-73 所示。

图 6-73　填写实用新型专利检索报告请求信息

用户根据需要，单击"撰写""添加"按钮完成"附加文件"和"证明文件备案"内容。单击"保存"和"预览"按钮，确认无误后单击"提交"按钮完成操作。

需要说明的是：

（1）国家知识产权局仅对申请日（有优先权的，指优先权日）在 2009 年 10 月 1 日之前的实用新型专利做出实用新型专利检索报告。

（2）做出实用新型专利检索报告的请求可以由专利权人或其委托的专利代理机构办理。已委托专利代理机构作全程代理的，无须再次提交专利代理委托书；另行委托专利代理机构办理的，应当提交专利代理委托书，并在专利代理委托书中写明代为办理实用新型专利检索报告。

（3）未委托专利代理机构的，由指定的收件人接收国家知识产权局发出的实用新型专利检索报告。

（4）办理实用新型专利权检索报告手续的，应当缴纳实用新型专利检索报告费 2400 元。

6.13 专利权评价报告

单击导航菜单栏"手续办理"菜单，选择主界面左侧 "专利检索/评价报告"子菜单中的"专利权评价报告"，在查询操作区单击"查询"按钮，在下方即显示可办理此项业务的专利案件详细信息，也可以输入申请号，通过查询直接定位需要办理业务的专利案件，如图 6-74 所示。

选中该专利案件，单击"业务办理"按钮，进入具体专利案件的业务办理页面，如图 6-75 所示。

在"请求内容"和"请求人"栏中，在线业务办理平台已经自动推送并展示出相关信息。

如果办理该手续的用户是全程代理本案的专利代理机构，或是被委托仅办理专利权评价报告的专利代理机构，用户需要在推送的"专利代理机构"下方的列表中选择相关的代理人，如图 6-75 所示。

图 6-74　选择办理专利权评价报告案件

图 6-75　办理专利权评价报告

如果用户是专利案件的专利权人，用户需要填写"收件人"的相关信息：姓名、电话、邮政编码和详细地址，如图 6-76 所示。

图 6-76 填写专利权评价报告请求信息

用户根据需要，单击"撰写""添加"按钮完成"附加文件"和"证明文件备案"内容。单击"保存"和"预览"按钮，确认无误后单击"提交"按钮完成操作。

需要说明的是：

（1）国家知识产权局仅对申请日（有优先权的，指优先权日）在 2009 年 10 月 1 日之后（含该日）的实用新型专利或者外观设计专利做出专利权评价报告。

（2）做出专利权评价报告的请求可以由专利权人或者其委托的专利代理机构办理。已委托专利代理机构作全程代理的，无须再次提交专利代理委托书；另行委托专利代理机构办理的，应当提交专利代理委托书，并在专利代理委托书中写明代为办理专利权评价报告。

（3）未委托专利代理机构的，由指定的收件人接收国家知识产权局发出的专利权评价报告。

（4）专利权评价报告的请求人是利害关系人的，应当单击"撰写"按钮填写专利权评价报告证明中文题录，并上传相关证明文件。例如，请求人是专利实施独占许可合同的被许可人的，应当提交与专利权人订立的专利实施独占许可合同的扫描文件；请求人是专利权人授予起诉权的专利实施普通许可合同的被许可人的，应当提交与专利权人订立的专利实施普通许可合同的扫描文件，以及专利权人授予起诉权的证明文件的扫描文件。如果所述专利实施许可合同已在国家知识产权局备案，可以不提交专利实施独占许可合同和专利实施普通许可合同的扫描文件，通过单击"添加"按钮填写证明文件备案编号即可。

（5）办理专利权评价报告手续的，应当缴纳专利权评价报告请求费 2400 元。

6.14 改正优先权

对于 PCT 专利申请，在进入中国国家阶段且尚未获得授权前，如果发现之前提供的优先权信息与国际阶段的报告的信息不符，可以请求改正优先权，以弥补填写造成的错误。需要注意的是，办理当前业务的案件不包含已经失效案件。

单击导航菜单栏"手续办理"菜单，选择主界面左侧"改正优先权"，输入查询条件，单击"查询"按钮，根据案件查询结果，选中要办理的案件，单击"业务办理"按钮，进入业务办理页面，如图 6-77 所示。

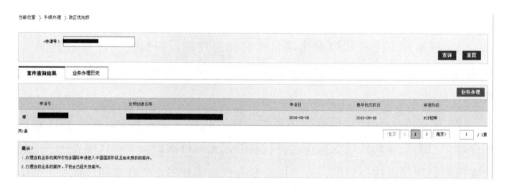

图 6-77 改正优先权业务入口页

在业务办理页面，填写需要改正的优先权内容，并根据需要增加附加文件、证明文件备案信息，单击"保存"和"预览"按钮，如图 6-78 所示。

确认无误后单击"提交"按钮，进入提交回执页，完成业务办理，如图 6-79 所示。

当前位置 >>手续办理 >>改正优先权

您正在办理：改正优先权请求业务！
当前案件█████████正在办理改正优先权请求业务！

案件基本信息

申请号或国际申请号：█████████　　　　　　发明创造名称：█████████

申请人：█████████　　　　（提示：此处展示第一署名申请人或专利权人）

声明内容

☑ 申请人在国际阶段已依照专利合作条约的规定提交过在先申请文件副本。

改正优先权内容

优先权项序号	请求改正的内容	改正前	改正后
1	原受理机构名称	美国	中国
1	在先申请日	20061206	20061205
1	在先申请号	60/873,019	60/873,018

附加文件

文件类型	文件名称	文件说明	文件来源	创建时间
优先权转让证明中文…	优先权转让证明中文翻录		在线撰写	2016-07-07 09:32:55

证明文件备案

证明文件备案编号	已备案证明文件名称	备案方式
ZW0016004400	01-总委托书	在线请求

<< 返回　　提交 >>

业务向导提示：

1.关联业务办理的不能单独提交，必须在主业务中一同提交。

图 6-78　选择改正优先权内容

图 6-79　改正优先权提交回执页

6.15　补交修改译文

对于 PCT 专利申请，在进入中国国家阶段且尚未获得授权前，可以根据 PCT 条约或国际单位做出的专利性国际初步报告等，按照《专利法》的相关规定提交修改文件。需要注意的是，办理当前业务的案件不包含已经失效案件。

单击导航菜单栏"手续办理"菜单，选择主界面左侧"补交修改译文"，输入查询条件，单击"查询"按钮，根据案件查询结果，选中要办理的案件，单击"业务办理"按钮，进入业务办理页面，如图 6-80 所示。

图 6-80　补交修改译文业务办理页

在业务办理页面，填写修改内容、申请人声明，并根据需要增加附加文件、证明文件备案信息，单击"保存"和"预览"按钮，如图6-81所示。

图6-81 补交修改译文预览页面

在预览页单击"提交"按钮，进入提交回执页，完成业务办理，如图6-82所示。

图6-82 补交修改译文提交回执页面

第7章

CHAPTER 7 ▶▶▶

意见陈述/补正

本章所述的意见陈述/补正的办理，是指用户以意见陈述书或者补正书的方式针对国家知识产权局专利局发出的通知或决定，进行陈述意见、补正或者提出修改。

本章将介绍在线业务办理平台提供的 7 种业务，包括答复审查意见、答复补正、主动提出修改、PCT 进入前主动提出修改、补充陈述意见、关于费用意见陈述及其它事宜，其中关于费用意见陈述将在本书第 8 章中介绍。

目前国家知识产权局发布的专利表格"意见陈述书"中的第②栏"陈述事项"如下：

"② 陈述事项：关于费用的意见陈述请使用意见陈述书（关于费用）

以下选项只能选择一项

□针对国家知识产权局于＿＿年＿＿月＿＿日发出的＿＿＿＿通知书（发文序号＿＿＿＿＿＿＿＿＿＿）陈述意见。

□针对国家知识产权局于＿＿年＿＿月＿＿日发出的＿＿＿＿通知书（发文序号＿＿＿＿＿＿＿＿＿＿）补充陈述意见。

□主动提出修改（根据《专利法实施细则》第五十一条第一款、第二款的规定）。

□其他事宜。"

选择导航菜单栏中的"意见陈述/补正"，左侧子菜单中的"答复审查意见"、"补充陈述意见"、"主动提出修改—意见陈述书主动提出修改"、"PCT 进入前意见陈述书主动提出修改"和"其他事宜"即分别对应于上述"②陈述事项"中的相关选项的情形。

目前国家知识产权局发布的专利表格"补正书"中的第②栏"补正原因"如下：

"②补正原因

□根据《专利法实施细则》第五十一条的规定，请求对上述专利申请主动提出修改。

□根据专利法实施细则第四十四条的规定，针对国家知识产权局于＿＿＿＿年＿＿＿月＿＿＿日发出的＿＿＿＿＿＿＿通知书（发文序号＿＿＿＿＿＿＿＿），进行补正。"

主界面左侧子菜单中"主动提出修改—主动补正/提出修改"和"答复补正"分别对应于上述"②补正原因"中的相关选项的情形。

7.1　答复审查意见

答复审查意见，是指以意见陈述书针对国家知识产权局专利局发出的通知或决定进行陈述意见。

选择导航菜单栏"意见陈述/补正"菜单，主界面左侧默认选定"答复审查意见"子菜单，在查询操作区单击"查询"按钮，在下方显示可办理此项业务的案件详细信息；或输入申请号、发明创造名称、通知书名称，单击"查询"按钮，直接定位需要办理业务的专利案件，如图7-1所示。

图7-1　选择办理答复审查意见案件

选择"案件查询结果"标签中的专利案件，单击"业务办理"按钮，进入具体专利案件的业务办理页面，如图7-2所示。

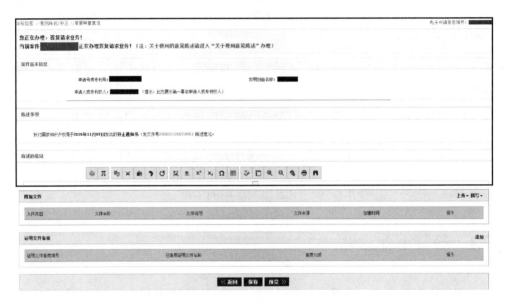

图7-2　办理答复审查意见

在"陈述事项"栏中，在线业务办理平台根据用户选定的"案件查询结果"中的相关事项，自动推送出了相关信息，用户可以在"陈述的意见"区域填写内容。

电子申请用户可以根据需要，通过单击"上传""撰写"和"添加"按钮分别完成"附加文件"和"证明文件备案"内容。之后单击"保存"和"预览"按钮，确认无误后单击"提交"按钮完成操作。

7.2　答复补正

答复补正，是指以补正书针对国家知识产权局专利局发出的通知或决定进行补正。

选择导航菜单栏"意见陈述/补正"菜单，单击主界面左侧 "答复补正"子菜单，在查询操作区单击"查询"按钮，在下方显示可办理此项业务的案件详细信息；或者输入申请号、发明创造名称、通知书名称，单击"查询"按钮，直接定位需要办理业务的专利案件，如图7-3所示。

图7-3 选择办理答复补正案件

选择"案件查询结果"标签中的专利案件，单击"业务办理"按钮，进入具体专利案件的业务办理页面，如图7-4所示。

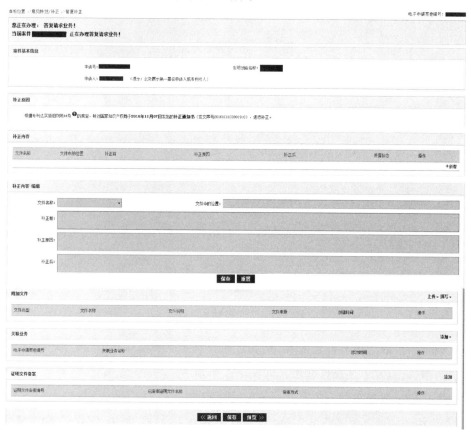

图7-4 办理答复补正

199

在"补正原因"栏中，系统根据用户选定的"案件查询结果"中的相关事项自动推送出了相关信息，用户可以在"补正内容"区域单击"新增"按钮，填写相关内容，如图7-5所示。

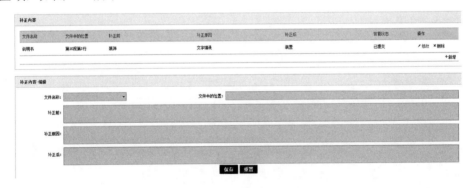

图7-5　填写补正原因

填写相关信息后，单击"保存"按钮，系统将填写的内容保存在"补正内容"区域，如图7-6所示。

图7-6　显示答复补正列表

如果用户继续填写补正内容，例如针对权利要求书填写补正内容，单击图7-6的"新增"，重复上述操作即可，如图7-7所示。

用户可以根据需要，单击"上传""撰写"按钮完成"附加文件"内容，单击"添加"按钮完成"关联业务"和"证明文件备案"内容。单击"保存"和"预览"按钮，确认无误后单击"提交"按钮完成操作。

图 7-7　继续填写需要补正的内容

7.3　主动提出修改

根据《专利法实施细则》第五十一条第一款、第二款的规定，主动提出修改包括两种办理方式：意见陈述书主动提出修改、主动补正/提出修改。

▶▶ 7.3.1　意见陈述书主动提出修改

意见陈述书主动提出修改，是指以意见陈述书办理主动提出修改。

选择导航菜单栏"意见陈述/补正"菜单，选择主界面左侧 "主动提出修改"子菜单下的"意见陈述书主动提出修改"，在查询操作区单击"查询"按钮，在下方显示可办理此项业务的案件详细信息；或者输入申请号，单击"查询"按钮，直接定位需要办理业务的专利案件，如图 7-8 所示。

选择"案件查询结果"标签中的专利案件，单击"业务办理"按钮，进入具体专利案件的业务办理页面，如图 7-9 所示。

在"陈述事项"栏中，系统根据用户选定的"案件查询结果"中的相关事项自动推送出了相关信息，用户可以在"陈述的意见"区域填写相关内容。

用户可以根据需要，通过单击"上传""撰写"和"添加"按钮分别完成"附加文件"和"证明文件备案"内容。单击"保存"和"预览"按钮，确认无误后单击"提交"按钮完成操作。

图 7-8　选择办理意见陈述书主动提出修改案件

图 7-9　办理意见陈述书主动提出修改

▶▶ 7.3.2　主动补正/提出修改

主动补正/提出修改，是指以补正书办理主动提出修改。

选择导航菜单栏"意见陈述/补正"菜单，选择主界面左侧 "主动提出修改"子菜单下的"主动补正/提出修改"，在查询操作区单击"查询"按钮，在下方显示可办理此项业务的案件详细信息；或者输入申请号，单击"查询"按钮，直接定位需要办理业务的专利案件，如图 7-10 所示。

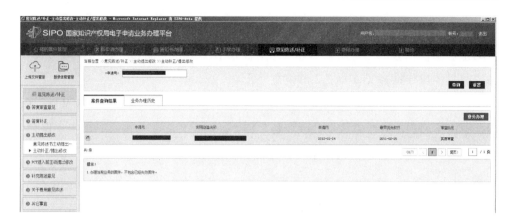

图 7-10　选择办理主动补正/提出修改案件

选择"案件查询结果"标签中的专利案件，单击"业务办理"按钮，进入具体专利案件的业务办理页面，如图 7-11 所示。

图 7-11　办理主动补正/提出修改

在"补正原因"栏中，系统根据用户选定的"案件查询结果"中的相关事项自动推送出了相关信息，用户可以在"补正内容"单击"新增"按钮，填写相关内容，具体操作请参见本章 7.2 节答复补正。

电子申请用户可以根据需要，单击"上传""撰写"按钮完成"附加文件"内容，单击"添加"按钮完成"关联业务"和"证明文件备案"内容。单击"保存"和"预览"按钮，确认无误后单击"提交"按钮完成操作。

7.4　PCT 进入前主动提出修改

电子申请用户提交国际申请进入中国国家阶段声明（发明）、国际申请进入中国国家阶段声明（实用新型）之后，国家知识产权局专利局发出"国际申请进入中国国家阶段通知书"之前，电子申请用户无法获得该国际申请号对应的国家申请号，因此依据《专利法实施细则》第一百一十二条的规定，本节主要介绍针对上述阶段期间对案件提出的主动修改。

►► 7.4.1　PCT 进入前主动补正/提出修改

PCT 进入前主动补正/提出修改，是指以补正书办理主动提出修改。

选择导航菜单栏"意见陈述/补正"菜单，单击主界面左侧的"PCT 进入前主动提出修改"子菜单下的"PCT 进入前主动补正/提出修改"，进入相应办理页面后，在查询操作区单击"查询"按钮，在下方显示可办理此项业务的案件详细信息；或者输入国际申请号，单击"查询"按钮，直接定位需要办理业务的专利案件，如图 7-12 所示。

选择"案件查询结果"标签中的专利案件，单击"业务办理"按钮，进入案件的业务办理页面，如图 7-13 所示。

在"补正原因"栏中，系统根据用户选定的"案件查询结果"中的相关事项自动推送出了相关信息，用户可以单击"新增"按钮，在"补正内容 编辑"填写相关内容，具体操作请参见本章 7.2 节答复补正。

用户可以根据需要，通过单击"上传""撰写"和"添加"按钮分别完成"附加文件"和"证明文件备案"内容。单击"保存"和"预览"按钮，确认无误后单击"提交"按钮完成操作。

图 7-12　选择办理 PCT 进入前主动补正/提出修改案件

图 7-13　办理 PCT 进入前主动补正/提出修改

▸▸ 7.4.2 PCT 进入前意见陈述书主动提出修改

PCT进入前意见陈述书主动提出修改,是指以意见陈述书办理主动提出修改。

选择导航菜单栏"意见陈述/补正"菜单,单击主界面左侧的"PCT 进入前主动提出修改"子菜单下的"PCT 进入前意见陈述书主动提出修改",在查询操作区单击"查询"按钮,在下方显示可办理此项业务的案件详细信息;或输入国际申请号,单击"查询"按钮,直接定位需要办理业务的案件,如图 7-14 所示。

图 7-14 选择办理 PCT 进入前意见陈述书主动提出修改案件

选择"案件查询结果"标签中的专利案件,单击"业务办理"按钮,进入案件的业务办理页面,如图 7-15 所示。

在"陈述事项"栏中,系统根据用户选定的"案件查询结果"中的相关事项自动推送出了相关信息,用户可以在"陈述的意见"区域填写相关内容。

用户可以根据需要,通过单击"上传""撰写"和"添加"按钮分别完成"附加文件"和"证明文件备案"内容。单击"保存"和"预览"按钮,确认无误后单击"提交"按钮完成操作。

图 7-15 办理 PCT 进入前意见陈述书主动提出修改

7.5 补充陈述意见

用户针对国家知识产权局专利局发出的通知或决定已经提交过陈述意见后，可以以意见陈述书的方式补充陈述意见。

选择导航菜单栏"意见陈述/补正"菜单，单击主界面左侧的"补充陈述意见"子菜单，进入相应办理页面后，在查询操作区单击"查询"按钮，在下方显示可办理此项业务的案件详细信息；或者输入申请号、发明创造名称、通知书名称，单击"查询"按钮，直接定位需要办理业务的专利案件，如图 7-16 所示。

图 7-16 选择办理补充陈述意见案件

选择"案件查询结果"标签中的专利案件，单击"业务办理"按钮，进入案件的业务办理页面，如图 7-17 所示。

图 7-17 办理补充意见陈述

在"陈述事项"栏中，系统根据用户选定的"案件查询结果"中的相关事项自动推送出相关信息，用户可以在"陈述的意见"区域填写相关内容。

用户可以根据需要，通过单击"上传""撰写"和"添加"按钮分别完成"附加文件"和"证明文件备案"内容。单击"保存"和"预览"按钮，确认无误后单击"提交"按钮完成操作。

7.6 其他事宜

其他事宜是以意见陈述书的方式进行办理，在此，用户可以针对自己的案件陈述意见，也可以针对他人的案件提出社会公众意见。

选择导航菜单栏"意见陈述/补正"菜单，单击主界面左侧 "其他事宜"子菜单，进入相应办理页面后，在查询操作区单击"查询"按钮，在下方显示可办理此项业务的案件详细信息；或者输入申请号、发明创造名称，单击"查询"按钮，直接定位需要办理业务的案件，如图 7-18 所示。

图 7-18　选择办理其他事宜的案件

　　选择"未提交业务"标签中的专利案件，单击"新业务办理"按钮，进入具体专利案件的业务办理页面，如图 7-19 所示。

图 7-19　办理其他事宜

　　在"陈述事项"栏中，系统自动推送出"陈述事项"为"其他事宜"，用户可以在"陈述的意见"区域填写相关内容。

　　电子申请用户可以根据需要，通过单击"上传""撰写"和"添加"按钮分别完成"附加文件"和"证明文件备案"内容。单击"保存"和"预览"按钮，确认无误后单击"提交"按钮完成操作。

第8章

CHAPTER **8** ▶▶▶

费用办理

申请专利或办理其他专利手续时，需要缴纳相关的专利费用。例如，申请费、优先权要求费、著录项目变更费；授权后还应当在规定的期限内缴纳年费。对于申请人或专利权人而言，如果符合规定，可以享受到一定比例的费用减缴。通过交互式平台提出费用减缴请求或者缴纳费用非常便捷。例如，通过输入申请号，可以查询到应当缴纳的费用名称以及数额，并通过在线支付方式缴纳。如果对国家知识产权局专利局发出的有关费用的通知书存在疑问，可以通过交互式平台提交关于费用的意见陈述。

8.1 费用减缴请求的相关规定及费减备案系统介绍

▶▶ 8.1.1 费用减缴请求的相关规定

根据《专利收费减缴办法》的规定，申请人或专利权人可以针对申请费（不包括公布印刷费和申请附加费）、发明专利申请实质审查费、复审费以及年费（自授予专利权当年起六年的年费）提出费用减缴请求。申请人或专利权人请求费用减缴的，应当符合下述条件：如果是个人，上年度月均收入低于 3500 元（或者年收入低于 4.2 万元）；如果是企业，上年度企业应纳税所得额低于 30 万元；此外，对于事业单位、社会团体或者非营利性科研机构，也可以请求费用减缴。需要注意的是，如果有两个或两个以上的申请人或者专利权人，每一个人都应当符合上述规定。

费用减缴的比例是根据申请人或者专利权人的个数确定的。如果在一件专利申请或者专利中，只有一个申请人或专利权人，无论该人是个人还是单位，费用减缴的比例为85%；如果包含两个或者两个以上的申请人或者专利权人，费用减缴的比例为70%。申请人或专利权人希望减缴专利收费时，应当提出费用减缴请求并提交相关的证明文件。证明文件应当满足下述规定：个人请求减缴专利收费的，应当在收费减缴请求书中如实填写本人上年度收入情况，同时提交所在单位出具的年度收入证明；对于无固定工作的个人，应当提交户籍所在地或者经常居住地县级民政部门或者乡镇人民政府（街道办事处）出具的关于其经济困难情况的证明。企业请求减缴专利收费的，应当提交上年度企业所得税年度纳税申报表复印件，如果在汇算清缴期内，可以提交上年度企业所得税年度纳税申报表复印件。对于事业单位、社会团体或非营利性科研机构请求减缴专利收费的，应当提交法人证明文件复印件。

专利申请人或者专利权人只能请求减缴尚未到期的费用。例如：请求减缴申请费时，应当与专利申请同时提出；请求减缴其他费用的，应当在相关费用缴纳期限届满日两个半月之前提出。经国家知识产权局批准的费用减缴请求，专利申请人或者专利权人应当在规定期限内，按照批准后的应缴数额缴纳专利费用。如果在费用减缴请求批准后，专利申请人或者专利权人发生了变更，对于尚未缴纳的费用，变更后的专利申请人或者专利权人需要重新提交费用减缴请求，才能获得后续费用的减缴。如果专利申请人或者专利权人在提出费用减缴请求时，提供了虚假情况或者虚假证明材料，国家知识产权局将在查实后撤销费用减缴的决定，并通知专利申请人或者专利权人在指定期限内补缴所欠费用，同时取消其自本年度起5年内的费用减缴资格。

为了简化费减请求的办理手续和审批流程，国家知识产权局发布了《关于调整专利费减相关业务办理方式的公告（第229号）》。在该公告中，规定了办理费用减缴业务的方式。即申请人或专利权人应当先行通过专利费减备案系统在线办理费减备案手续，随后将证明文件提交到所属地方的专利代办处进行审核。经审批合格后，申请人或专利权人在一个自然年度内再次请求减缴费用的，只需提出费用减缴请求，无须再提交相关证明文件。

▶▶ 8.1.2 费减备案系统

申请人或专利权人在提出费用减缴请求前,应当先在网上进行费减资格备案。费减备案合格后,才能提出费用减缴请求;未进行费减备案或费减备案不合格的,不能获得费减审批。该费减备案的主要流程为:申请人或专利权人在专利事务服务系统中提出费减请求并填写相关信息,经系统审核后,给出费减备案是否合格的结论,合格的将给出费减备案号。申请人或专利权人获得费减备案号后,还需要在规定期限内将费减证明文件提交至地方专利代办处进行审核,审核通过的将获得费减备案资格。

1. 费减备案业务办理

申请人登录专利事务服务系统(http://cpservice.sipo.gov.cn)。电子申请用户可以直接使用电子申请用户名称进行登录,非电子申请用户,需要先进行注册。注册时,既可选择"社会公众"也可选择"纸质申请用户"。

注册成功后,输入用户名和密码,单击"登录"按钮进入系统主界面,如图 8-1 所示。

图 8-1　专利事务服务系统界面

浏览并选择同意以上声明，单击"继续"按钮，如图8-2所示。

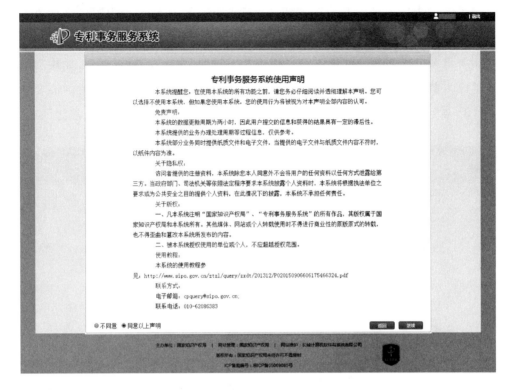

图8-2 专利事务服务系统使用声明页面

在专利事务服务系统首页中，单击"业务办理"，选择费减备案业务，如图8-3所示。

单击"费减备案请求"，填写费减证明备案信息，如图8-4所示。

在该页面中，需要选择备案人类型。备案人类型分为个人、企业、事业单位、科研单位、大专院校和其他。"其他"类型的备案人是指军队及国家安全部门等特殊机构的申请人或专利权人。

如果备案人是个人，应当在备案信息一栏选择备案年度，国别或地区，并填写姓名、证件类型、证件号码、手机号码和联系地址。由于费减备案仅在一个自然年度内有效，为了便于备案人提前备案，每年的最后一个季度（10月1日起）开放下一年度的备案。例如：如果备案人是在10月1日之前进行备案，只能在"备案年度"一栏选择本年度，如果是在10月1日后进行备案，即可选择本年度也可同时选择下一年度。国别或地区包括：中国、中国台湾、中国香港、中国澳门、其他国家或地区。如果国别或地区为中国，证件类型可以选择"身份证""军官证"或"港澳台证"；如果国别或地区为中国台湾、中国香港或中国澳门，证件类型可以选择"护照"或"港澳台证"；如果国别或地区为其他国家或地区，证件类型可以选择"护照"。年收入一栏中需要选择"0～4.2万元"或"4.2万元以上"。联系地址一栏填写省、市及常住地址。

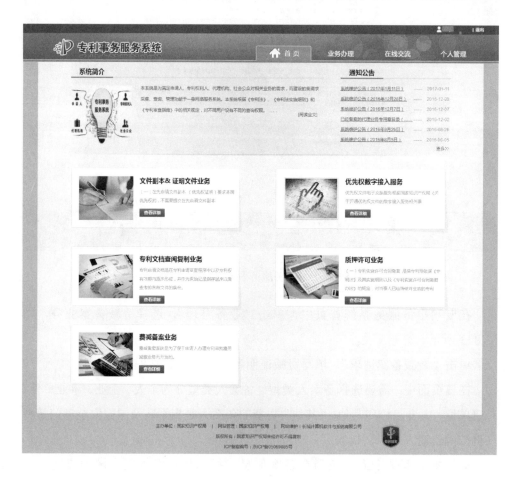

图 8-3　办理费减备案业务页面

如果备案人是企事业单位、科研院所或大专院校，在证件类型一栏选择"统一社会信用代码"或者"组织机构代码"，并填写正确的代码。如果备案人是军队，可以选择"其他"类型,在证件类型中选择"其他证件",并填写相应的证件号码。该证件号码可以是自行编排的一组数字或字母的组合。

图 8-4　费减备案请求填写页面

在填写完全部信息后,单击"预览"按钮,系统将进行身份验证。个人的将验证身份证号码与名称是否匹配;企事业单位的将验证统一社会信用代码或组织机构代码与企事业名称是否匹配。如果通过验证,可以继续提交;未通过验证的,备案人需要核实填写的信息是否存在错误。对于新成立的企事业单位,如果注册登记信息尚未保存在国家组织机构代码管理部门,费减备案系统进行校验时会提示"企业名称与证件号码不匹配",此时备案人填写企事业单位登记的日期后可通过校验。

在预览界面,系统将给出重要提示,告知备案人需要准备的证明文件,以及提交费减证明文件的时间和地点,如图 8-5 所示。

单击"提交"按钮后,备案人会收到费减备案提交成功的信息,并获得费减备案证件号码,如图 8-6 所示。需要注意的是,在费减备案提交成功第二日后才能提出费用减缴请求。

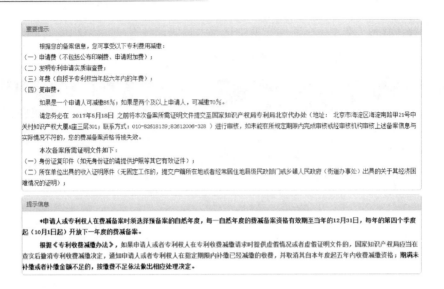

图 8-5　备案成功预览页面

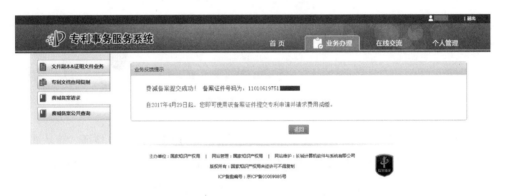

图 8-6　费减备案办理成功页面

2. 费减证明文件

备案请求人在专利事务服务系统完成费减备案后，应当在 20 个自然日内将费减证明文件面交或邮寄到指定地点进行审核（一般为当地的专利代办处，如果是港澳台或外国的申请人，由国家知识产权局进行审核）。如果未在规定时间内提交或提交的证明文件不合格，备案系统会将费减备案结论由原来的"合格"更改为"不合格"。此时，申请人不能享受费用减缴，对于已经减缴的费用后续将进行补缴。

1）个人请求人

对于个人请求人，证明文件是指所在单位出具的上年度收入证明；对于无固定工作或者无收入的，由户籍所在地或经常居住地县级民政部门或乡镇人民政府（街道办事处）出具的关于其经济困难情况的证明。对于学生身份的，可以由学校出具能表明学生身份的证明。证明文件要求为原件，不能是复印件或者扫描件。证明文件中记载的申请人名称、证件号码应当与费减备案系统中记载的信息一致。

2）企业请求人

如果请求人为企业,证明文件是指上年度企业所得税年度纳税申报表复印件。在汇算清缴期内（即在每年的 5 月 31 日之前）的，申请人可以提交上上年度企业所得税年度纳税申报表复印件。上年度（或上上年度）企业应纳税所得额应低于 30 万元。证明文件中记载的申请人名称、证件号码应当与费减备案系统中的信息一致。企业所得税年度纳税申报表是由国家税务总局统一制定的，因此全国各地表格的形式以及填写标准都是统一的。该表分为两类，一类是《中华人民共和国企业所得税年度纳税申报表（A 类）》，包含封页和主表，由查账征收企业填写，如图 8-7 和图 8-8 所示。另一类是《中华人民共和国企业所得税年度纳税申报表（B 类）》由核定征收企业填写，如图 8-9 所示。申报表应当加盖单位公章。

如果是当年（自然年）成立的新企业，尚未纳税的，不用提交《企业所得税年度纳税申报表》复印件。对于非当年成立的企业，如果由税务部门出具证明，证明该企业税务登记证是当年新办理的，也可以不用提交《企业所得税年度纳税申报表》复印件。对于个体工商户或个人独资企业，一般通过缴纳个人所得税的方式进行纳税。因此，提交个人所得税年度纳税申报表复印件也可以。对于不单独进行纳税的分公司，如果由总公司出具证明，说明该分公司纳税的情况，也可以不用提交《企业所得税年度纳税申报表》复印件。

3）事业单位、社会团体和非营利性科研机构

如果备案人为事业单位、社会团体和非营利性科研机构，应当提交法人证明复印件。对于国家行政机关的，例如：××公安局，可以仅提交组织机构代码证复印件。

中华人民共和国企业所得税年度纳税申报表

(A类，2014年版)

税款所属期间：　　年　月　日至　　年　月　日

纳税人识别号：□□□□□□□□□□□□□□□□□□

纳税人名称：

金额单位：人民币元 (列至角分)

　　谨声明：此纳税申报表是根据《中华人民共和国企业所得税法》、《中华人民共和国企业所得税法实施条例》、有关税收政策以及国家统一会计制度的规定填报的，是真实的、可靠的、完整的。

法定代表人（签章）：　　　　　　年　月　日

纳税人公章：	代理申报中介机构公章：	主管税务机关受理专用章：
会计主管：	经办人：	受理人：
	经办人执业证件号码：	
填表日期：　年　月　日	代理申报日期：　年　月　日	受理日期：　年　月　日

国家税务总局监制

图8-7　《中华人民共和国企业所得税年度纳税申报表（A类）》封页

A100000

中华人民共和国企业所得税年度纳税申报表（A类）

行次	类别	项　　目	金　额
1		一、营业收入 (填写A101010\101020\103000)	
2		减：营业成本 (填写A102010\102020\103000)	
3		营业税金及附加	
4		销售费用 (填写A104000)	
5		管理费用 (填写A104000)	
6	利润	财务费用 (填写A104000)	
7	总额	资产减值损失	
8	计算	加：公允价值变动收益	
9		投资收益	
10		二、营业利润 (1-2-3-4-5-6-7+8+9)	
11		加：营业外收入 (填写A101010\101020\103000)	
12		减：营业外支出 (填写A102010\102020\103000)	
13		三、利润总额（10+11-12）	
14		减：境外所得（填写A108010）	
15		加：纳税调整增加额（填写A105000）	
16		减：纳税调整减少额（填写A105000）	
17	应纳	减：免税、减计收入及加计扣除（填写A107010）	
18	税所	加：境外应税所得抵减境内亏损（填写A108000）	
19	得额	四、纳税调整后所得（13-14+15-16-17+18）	
20	计算	减：所得减免（填写A107020）	
21		减：抵扣应纳税所得额（填写A107030）	
22		减：弥补以前年度亏损（填写A106000）	
23		五、应纳税所得额（19-20-21-22）	
24		税率（25%）	
25		六、应纳所得税额（23×24）	
26		减：减免所得税额（填写A107040）	
27		减：抵免所得税额（填写A107050）	
28		七、应纳税额（25-26-27）	
29	应纳	加：境外所得应纳所得税额（填写A108000）	
30	税额	减：境外所得抵免所得税额（填写A108000）	
31	计算	八、实际应纳所得税额（28+29-30）	
32		减：本年累计实际已预缴的所得税额	
33		九、本年应补（退）所得税额（31-32）	
34		其中：总机构分摊本年应补（退）所得税额(填写A109000)	
35		财政集中分配本年应补（退）所得税额（填写A109000）	
36		总机构主体生产经营部门分摊本年应补（退）所得税额(填写A109000)	
37	附列	以前年度多缴的所得税额在本年抵减额	
38	资料	以前年度应缴未缴在本年入库所得税额	

图 8-8　《中华人民共和国企业所得税年度纳税申报表（A 类）》主表

SB025-1

中华人民共和国企业所得税年度纳税申报表（B类，2014年版）

税款所属期间：　　年　月　日至　　年　月　日

纳税人识别号：□□□□□□□□□□□□□□□

纳税人名称：　　　　　　　　　　　　　金额单位：　　人民币元（列至角分

项　目			行次	累计金额
一、以下由按应税所得率计算应纳所得税额的企业填报				
应纳税所得额的计算	按收入总额核定应纳税所得额	收入总额	1	
		减：不征税收入	2	
		免税收入	3	
		应税收入额（1-2-3）	4	
		税务机关核定的应税所得率（%）	5	
		应纳税所得额（4×5）	6	
	按成本费用核定应纳税所得额	成本费用总额	7	
		税务机关核定的应税所得率（%）	8	
		应纳税所得额〔7÷（1-8）×8〕	9	
	应纳所得税额的计算	税率（25%）	10	
		应纳所得税额（6×10或9×10）	11	
		减：年应纳税所得额10万元（含）以下符合条件的小微企业减免所得额	12	
		年应纳税所得额10万元至30万元（含）符合条件的小微企业减免所得税额	13	
		实际应纳所得税额（11-12或11-13）	14	
	应补（退）所得税额的计算	已预缴所得税额	15	
		应补（退）所得税额（14-15）	16	
二、以下由税务机关核定应纳所得税额的企业填报				
税务机关核定应纳所得税额			17	——

　　谨声明：此纳税申报表是根据《中华人民共和国企业所得税法》、《中华人民共和国企业所得税法实施条例》和国家有关税收规定填报的，是真实的、可靠的、完整的。

　　　　　　　　　　　　　　　　　法定代表人（签字）：　　　　年　月　日

纳税人公章：	代理申报中介机构公章：	主管税务机关受理专用章：
会计主管：	经办人： 经办人执业证件号码：	受理人：
填表日期：　年　月　日	代理申报日期：　年　月　日	受理日期：　年　月　日
		国家税务总局监制

图 8-9　《中华人民共和国企业所得税年度纳税申报表（B 类）》

4）军队单位

对于备案人为军队单位的，可以使用自己编排的一组数字及字母的组合作为费减备案号码。同时，应附具由该部队上级单位或本单位出具的证明，证明中应体现"单位名称"和"备案号码"，并加盖单位公章。

▶▶ 8.1.3　费减备案公共查询

专利事务服务系统中的"费减备案公共查询"为备案人提供备案信息的查询。输入备案人名称和证件号码可以查询到备案日期、备案年度、备案有效日及状态，如图 8-10 所示。

图 8-10　费减备案公共查询

8.2　费用减缴请求的办理

本节内容主要介绍申请人提交新申请后提出费用减缴请求的办理。

单击导航菜单栏中的"费用办理"菜单，默认进入"费用减缴请求"子菜单，如图 8-11 所示。

该界面包含两个菜单选项，"案件查询结果"和"业务办理历史"。如果要办理某个案件的费减业务，可以输入该案件的申请号，单击"查询"。"案件查询结果"将显示该案件的申请号、发明名称、申请日、审查阶段等信息，如图 8-12 所示。如果要查询以前的费减业务办理记录，可以单击"业务办理历史"，查询 1 个月内的费减业务办理记录。更多记录则需要在"我的案件管理"中进行查询。

图 8-11　费用减缴请求页面

图 8-12　费用减缴请求查询页面

选择该申请号后，单击"业务办理"按钮，进入业务办理页面，如图 8-13 所示。

在业务办理页面，单击"预览"按钮，进入预览页面，如图 8-14 所示。此时系统将对申请人费减备案的状态进行验证。费减备案合格的，可以继续提交；不合格的，不允许提交。

单击"提交"按钮，申请人将收到系统反馈回执，告知费减请求已提交成功，如图 8-15 所示。

图 8-13 费减请求办理页面

图 8-14 费减备案验证页面

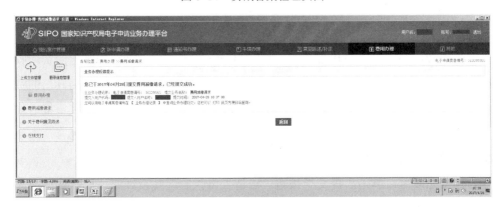

图 8-15 费减请求合格回执页面

8.3　关于费用的意见陈述

如果申请人或专利权人对国家知识产权局开出的费用收据或发出的有关费用的通知书存在疑问，可以提交关于费用的意见陈述。

单击"费用办理"菜单，选择"关于费用意见陈述"子菜单。该界面包含两个菜单选项，"案件查询结果"和"业务办理历史"。如果要针对某个案件提交关于费用的意见陈述，可以输入该案件的申请号，单击查询。"案件查询结果"将显示出该案件的申请号、发明名称、申请日、审查阶段等信息。如果要查询以前的业务办理记录，可以单击"业务办理历史"，查询到 1 个月内的办理记录，更多记录则需要在"我的案件管理"中进行查询。

选中该申请号后单击"业务办理"按钮，如图 8-16 所示。

图 8-16　关于费用的意见陈述页面

关于费用的意见陈述包含三类。第一类是针对国家知识产权局开出的费用收据陈述意见，第二类是对缴纳专利费用两个月后未收到国家知识产权局开出的费用收据陈述意见，第三类是针对国家知识产权局发出的通知书（如费减审批通知书）陈述意见。申请人选择陈述的事项后，在下方空白处填写相应的内容，随后单击"预览"按钮，如图 8-17 所示。

预览完成后，单击"提交"按钮。申请人将收到系统反馈回执，确认提交成功，如图 8-18 所示。

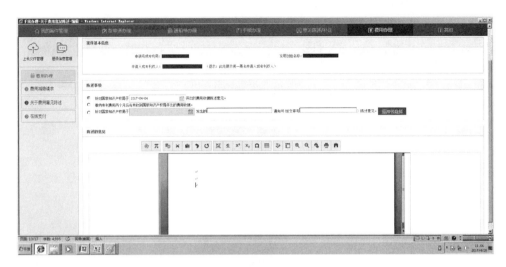

图 8-17　陈述关于费用的意见

图 8-18　成功办理关于费用的意见陈述页面

8.4　在线支付

申请人或专利权人可以通过在线支付方式缴纳费用。单击"费用办理"菜单中的"在线支付"子菜单，如图 8-19 所示。如果是批量缴费，选择导入国家申请缴费单或导入 PCT 申请首次进入中国国家阶段缴费单。缴费单的模板在中国专利电子申请（http://cponline.sipo.gov.cn）的"工具下载"一栏中进行下载。如果是针对单独某一案件的缴费，选择以国家申请号缴费或 PCT 申请首次进入国家阶段以国际申请号缴费。

图 8-19　在线支付页面

以国家申请号缴费为例。输入申请号后单击"查询"按钮，系统显示应缴费用的数额和缴费的截止日期。填写缴费人姓名，单击"确认"按钮，如图 8-20 所示。

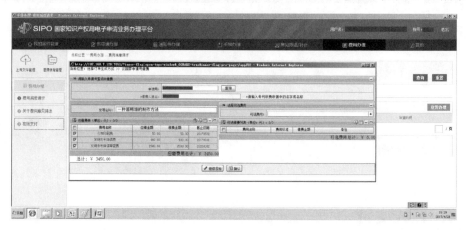

图 8-20　以国家申请号缴费

对生成的缴费单进行核对并填写收件人信息。收件人信息包含收据的获取方式、收据接收人、地址、邮政编码、电话号码和缴费方式，如图 8-21 所示。最后单击"生成订单"按钮。

订单生成后，再次核对缴费信息。确认无误后，单击"确认交款"按钮，即完成费用的在线支付，如图 8-22 所示。缴费人需要注意记录缴费单号及银联的交易号以便以后查询。

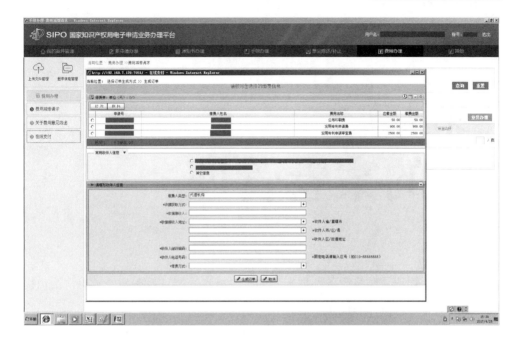

图 8-21　生成缴费订单

图 8-22　确认交款

第9章

CHAPTER 9 ▶▶▶

我的案卷管理

　　我的案件管理是在线业务办理平台的主要特点之一，旨在为电子申请用户提供便捷的案卷管理监控和操作服务。

　　众所周知，专利流程工作具有复杂性和多变性，专利申请人和专利代理服务机构时常会因流程工作失误而造成经济上的损失，甚至还会造成无法弥补的其他损失。而在"我的案件管理"菜单下自动生成案件情况列表，能主动筛选出电子申请用户重点关注的业务，如待缴费业务和待答复案件，相当于给专利申请人和专利代理服务机构配备了专业的监控秘书，避免了流程工作失误或遗漏。另外，位于我的案件管理菜单正下方的"上传文件管理"和"题录信息管理"这两个快捷工具，有效解决了一份文件或材料多次使用的问题，从整体上简化了流程，提高了效率，进一步体现了信息化管理的优势。

9.1　案件信息查询

　　在我的案件管理页面，位于用户操作区下部的查询结果显示区域包括 5 个标签页：待答复案件、未提交业务、待缴费业务、近一年业务办理历史、全部业务办理历史。

　　电子申请用户可以根据不同的条件进行查询。例如，在"未提交业务"页签下，选择办理类型为外观设计专利申请，并选择修改时间为 2017 年 3 月 1 日至 4 月 1 日，进行多条件查询后的查询结果列表如图 9-1 所示。需要注意的是，最后一个"全部业务办理历史"标签不支持模糊查询，用户需要输入电子申请案件编号或申请号才能查询。

图 9-1　在"未提交业务"标签下的查询结果

9.2　案件情况列表

查询结果显示区域分不同标签展示案件情况列表，针对每个案件，将专利工作中的三大要素：文件、时间和费用自动整合在一起，所有案件的案件状况和待办事项一目了然。

▶▶ 9.2.1　待答复案件

待答复案件标签显示国家知识产权局专利局发送的通知书，需要申请人查看并作相应的答复，列表中的每一条记录信息包括：申请号、发明创造名称、通知书名称、发文序列号、发文日期、期限届满日、办理状态。列表中的所有记录信息按照期限届满日、发文日期进行倒序排序，用户可以清楚地看到需要答复的通知书和答复的最晚期限，如图 9-2 所示。

图 9-2　待答复案件

1. 查看通知书

单击列表中任意一条记录信息的通知书名称,可以查看该通知书的具体内容,如图 9-3 所示。

2. 答复通知书

通知书查看页面的右上角设置有"业务办理"按钮,下拉框里列出目前可以办理的业务范围,选择相应的可办理的业务名称,如普通期限延长、答复补正、答复审查意见等,系统自动转入到相应的答复通知书业务办理页面,如图 9-4 所示。

▶▶ 9.2.2　未提交业务

"未提交业务"标签显示 1 个月内申请人已经保存但是未提交的专利申请相关业务,列表中的每一条记录信息包括:电子申请案卷编号、内部编号、申请号、国际申请号、发明创造名称、专利类型、办理业务类型、修改时间、操作。其中,列表的操作栏提供删除、修改功能,引导用户继续办理未完成的业务,如图 9-5 所示。

SIPO 国家知识产权局电子申请业务办理平台　　　用户名：▇▇▇▇　账号：▇▇▇　退出

我的案件管理　　前审请办理　　通知书办理　　文件办理　　意见陈述补正　　费用办理　　其他

当前位置 > 我的案件管理

通知书签收办理

合并办理 ▾ 刷新

电子申请案卷编号	申请号	发明创造名称	业务名称	发文序号	发文日期
1533999501	▇▇▇▇	▇▇▇▇	发明专利申请	11038	2017-04-19 11:19:29

通知书查看　　　　　　　　　　　　　　　　　　　　　　　　　1/1页 上一页 下一页

ZL0159-1

中华人民共和国国家知识产权局

430000

潮北省武汉市▇▇▇▇▇▇▇▇▇▇▇▇▇

▇▇▇▇▇▇▇

发文H：

2017年03月08日

|||||||||||| |||||||||||

申请号或专利号：▇▇▇▇　　　发文序号：2017030801008730

专 利 申 请 受 理 通 知 书

根据专利法第 28 条及其实施细则第 38 条、第 39 条的规定，申请人提出的专利申请已由国家知识产权局受理。现将确定的申请号、申请日、申请人和发明创造名称通知如下：

申请号：▇▇▇▇

申请日：2017 年 03 月 08 日

申请人：▇▇▇▇

发明创造名称：▇▇▇▇

经核实，国家知识产权局确认收到文件如下：

说明书附图 每份页数:1 页 文件份数:1 份
权利要求书 每份页数:1 页 文件份数:1 份 权利要求项数： 3 项
实用新型专利请求书 每份页数:4 页 文件份数:1 份
说明书 每份页数:3 页 文件份数:1 份
摘要附图 每份页数:1 页 文件份数:1 份
专利代理委托书 每份页数:2 页 文件份数:1 份
说明书摘要 每份页数:1 页 文件份数:1 份

提示：

1.申请人收到专利申请受理通知书之后，认为其记载的内容与申请人所提交的相应内容不一致时，可以向国家知识产权局请求更正。

2.申请人收到专利申请受理通知书之后，再向国家知识产权局办理各种手续时，均应当准确、清晰地写明申请号。

3.国家知识产权局收到向外国申请专利保密审查请求书后，依据专利法实施细则第 9 条予以审查。

审查员：自动受理　　　　　　审查部门：专利局初审及流程管理部

200101　纸件申请，回函请寄：100088 北京市海淀区蓟门桥西土城路 6 号 国家知识产权局受理处收
2010.4　电子申请，应当通过电子专利申请系统以电子文件形式提交相关文件。除另有规定外，以纸件等其他形式提交的文件视为未提交。

图 9-3　通知书查看

图 9-4　通知书答复

图 9-5　未提交业务

1. 修改未提交业务

在"未提交业务"标签中，选择一条记录信息后的"修改"，页面直接转入到相应业务的修改页面，例如手续办理菜单下的延长期限请求业务，用户可以通过该入口直接修改请求延长的时间、增加附加文件等信息，如图 9-6 所示。

图 9-6   修改业务页面

2. 删除未提交业务

在"未提交业务"标签中，选择一条记录信息后的"删除"操作，系统弹出确认删除对话框，单击"确认"，未提交业务标签的列表被刷新，删除的记录信息不再显示在未提交业务标签中。

▶▶ 9.2.3   待缴费业务

"待缴费业务"标签显示 1 个月内申请人待缴费的专利申请案件，列表中的每一条记录信息包括：电子申请案卷编号、申请号、发明创造名称、办理业务类型、代缴费用名称、应缴费用金额、期限届满日、创建日期、操作。其中，列表的操作栏提供单笔缴费功能，列表右上角提供有多笔缴费按钮。列表中的所有记录信息按照创建时间倒序排序，用户可以清楚地看到需要缴费的案卷、缴费的种类与金额以及缴费截止日期，如图 9-7 所示。需要注意的是，在线业务办理平台不显示超过 1 个月的记录信息。

图 9-7　待缴费业务

1. 单笔业务缴费

单击列表中某条记录信息后的"去缴费"操作，直接转入到缴费页面，如图 9-8 所示。

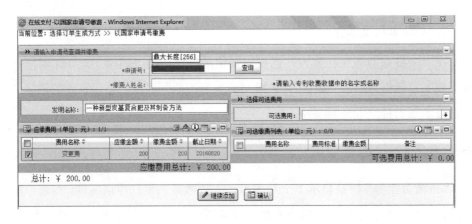

图 9-8　单笔业务在线支付

2. 多笔业务缴费

选择多个申请号相同的业务，单击"多笔缴费"按钮，直接转入缴费页面，如图 9-9 所示。

图 9-9　多笔业务在线支付

➤➤ 9.2.4　近一年业务办理历史

在"近一年业务办理历史"标签中，显示 1 年内申请人的专利申请相关业务办理情况，列表中的每一条记录信息包括：电子申请案卷编号、内部编号、申请号、发明创造名称、办理业务名称、提交账户、提交日期。列表中的所有记录信息按照提交日期倒序排序，用户根据列表中的记录信息，可以方便地查看 1 年内所有案件的办理历史详情，如图 9-10 所示。需要注意的是，系统不显示超过 1 年的记录信息。

图 9-10　近一年业务办理历史

单击"办理业务名称"下的链接，直接打开相应业务的办理历史记录详情页面，如图 9-11 所示。

图 9-11 办理历史详情

▶▶ 9.2.5 全部业务办理历史

在"全部业务办理历史"标签中，电子申请用户输入电子申请案卷编号或申请号，单击"查询"按钮，在查询结果显示区可以看到该申请号或案件号下所有办理的业务，列表中的每一条记录信息包括：电子申请案卷编号、内部编号、申请号、发明创造名称、业务名称、提交账户、提交日期。列表中的所有记录信息按照提交日期倒序排序。用户根据列表中的记录信息，可以方便地定位查看所查询案件的全部业务办理历史。

9.3 上传文件管理

单击快捷工具栏中的"上传文件管理"，该页面包括上传文件历史和新增上传文件两个标签，默认显示上传文件历史标签。

▶▶ 9.3.1 上传文件历史

在上传文件历史标签，系统按照时间由近至远的顺序显示所有已经上传过文件的列表，其中包括：文件类型、文件名称、文件大小、上传时间、文件说明、被未提交业务引用次数、操作。其中，列表的操作栏提供保存、删除功能。电子申请用户也可以在查询操作区通过不同条件进行查询并浏览之前上传的文件，如图 9-12 所示。

图 9-12　上传文件历史

1. 被未提交业务引用次数

在查询结果显示区，单击某条记录信息的"被未提交业务引用次数"，页面转入到被未提交业务引用次数页面，如图 9-13 所示。

图 9-13　被未提交业务引用列表

2. 删除上传文件

单击某条记录信息的"删除",系统弹出确认删除对话框;单击"确认",上传文件记录被删除,列表被刷新。需要注意的是,当删除被未提交业务引用的文件时,系统提示"有尚未提交的业务引用该文件,禁止删除"。

▶▶ 9.3.2　新增上传文件

在"新增上传文件"标签中,上方是附件和图片上传区域,上传时需要选择文件类型并填写文件说明;下方是查询结果显示区域,列表中的每一条记录信息包括:文件类型、文件名称、文件大小、上传时间、文件说明、被未提交业务引用次数、操作。其中,列表的操作栏提供保存、删除功能,如图 9-14 所示。

图 9-14　新增上传文件

单击"单击这里查看(上传附件格式标准)"链接,显示上传文件规则的要求,如图 9-15 所示。

1. 上传附件

首先在"选择上传文件的类型"中选择要上传的文件类型,然后单击"上传

附件"按钮，系统弹出要加载的文件窗口，选择要上传的文件，上传的文件显示
在列表中，如图 9-16 所示。

图 9-15　新增上传文件说明

图 9-16　上传附件

2. 上传图片

首先选择上传文件的类型，然后单击"上传图片"按钮，系统弹出上传图片页面，如图 9-17 所示。

图 9-17　新增图片

选择"新增"，单击"上传"，系统弹出上传附图页，选择要上传的附图，单击"确定"按钮，附图显示在附图上传列表中，单击"重上传"按钮，可重新上传附图；单击"删除"按钮，可删除上传的附图；单击"浏览"按钮可浏览上传的附图，目前在线业务办理平台支持上传图片的格式为 JPEG 和 TIF，整个附图文件不能超过 30M，最大尺寸为 16.5cm×24.5cm，如图 9-18 所示。

图 9-18　上传图片

9.4　题录信息管理

题录信息，是在线业务办理平台新采用的由申请人填写证明文件中的相关信息，方便申请人在业务办理中引用题录信息的收藏功能。单击"题录信息管理"快捷工具后，进入题录信息管理页面，页面的用户操作区提供查询和题录生成、修改、删除功能。

▶▶ 9.4.1　生物材料样品保藏及存活证明中文题录

在子菜单栏中选择 "生物材料样品保藏及存活证明中文题录"，用户操作区域的上方是题录信息查询区，查询条件可以为保藏编号、保藏单位代码、保藏日期、保藏单位地址、分类命名、是否存活中的一项或多项；下方显示生物材料样品保藏及存活证明中文题录列表，如图9-19所示。

图9-19　生物材料样品保藏及存活证明中文题录

1. 生成题录

单击列表右上角的"生成题录"按钮，进入生成题录页面，新打开的空白题录如图9-20所示。

用户根据案件情况填写相关信息，其中带星号"*"的为必填项，并根据情况上传相关证明文件或证明文件备案信息，如图9-21所示，为正在填写中的题录。当所有的题录信息填写完毕后，可以单击"保存"按钮进行保存，如图9-22所示，新生成的题录将刷新显示在列表中。

图 9-20　生成题录（空白）

图 9-21　生成题录（填写中）

图 9-22　生成题录（刷新列表）

2．修改题录

在列表中选中某条记录信息，单击"修改"操作，页面转入生物材料样品保藏及存活证明中文题录页面，可以对已保存的信息进行修改，如图 9-23 所示。

图 9-23　修改题录

3．删除题录

在列表中选中某条记录信息，单击"删除"按钮，系统弹出确认删除对话框；单击"确认"，生物材料样品保藏及存活证明中文题录列表刷新，已删除的题录不显示在列表中。

▶▶ 9.4.2　在先申请文件副本中文题录

在子菜单栏中选择 "在先申请文件副本中文题录"，用户操作区域的上方是题录信息查询区域，查询条件可以为在先申请号、在先申请日、原受理机构或国别、在先申请人、原件申请号中的一项或多项；下方显示在先申请文件副本中文题录列表，如图 9-24 所示。

图 9-24　在先申请文件副本中文题录

1. 生成题录

单击列表右上角的"生成题录"按钮，进入生成题录页面，用户根据案件情况填写相关信息，并根据情况上传相应附加文件，如图 9-25 所示。当用户单击"保存"按钮之后，新生成的题录将刷新显示在列表中。

图 9-25　生成题录

2. 修改题录

在列表中选中某条记录信息，单击"修改"操作，页面直接转入在先申请文件副本中文题录页面，可以对已保存的信息进行修改。

3. 删除题录

在列表中选中某条记录信息，单击"删除"按钮，系统弹出确认删除对话框；单击"确认"，在先申请文件副本中文题录列表刷新，已删除的题录不显示在列表中。

▶▶ 9.4.3　优先权转让证明中文题录

在子菜单栏中选择 "优先权转让证明中文题录"，用户操作区域上方是题录信息查询区域，查询条件可以为在先申请号、转让人、受让人中的一项或多项；下方显示优先权转让证明中文题录列表，如图 9-26 所示。

图9-26　优先权转让证明中文题录

1. 生成题录

单击列表右上角的"生成题录"按钮，进入生成题录页面，用户根据案件情况填写相关信息，并根据情况上传相应附加文件，如图9-27所示。当用户单击"保存"按钮之后，新生成的题录将刷新显示在列表中。

图9-27　生成题录

2. 修改题录

在列表中选中某条记录信息，单击"修改"操作，页面直接转入优先权转让证明中文题录页面，可以对已保存的信息进行修改。

3. 删除题录

在列表中选中某条记录信息，单击"删除"按钮，系统弹出确认删除对话框；单击"确认"，优先权转让证明中文题录列表刷新，已删除的题录不显示在列表中。

▶▶ 9.4.4　申请权转让证明中文题录

在子菜单栏中选择"申请权转让证明中文题录",用户操作区域的上方是题录信息查询区域,查询条件可以为申请权转让原因、申请人序号、变更前(中文)、变更前(原文)中的一项或多项;下方显示申请权转让证明中文题录列表,如图 9-28 所示。

图 9-28　申请权转让证明中文题录

1. 生成题录

单击列表右上角的"生成题录"按钮,进入生成题录页面,用户根据案件情况填写相关信息,并根据情况上传相应附加文件,如图 9-29 所示。当用户单击"保存"按钮之后,新生成的题录将刷新显示在列表中。

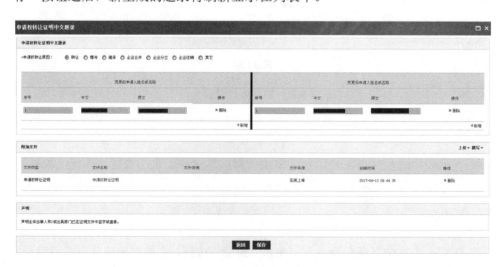

图 9-29　生成题录

2. 修改题录

在列表中选中某条记录信息，单击"修改"操作，页面直接转入申请权转让证明中文题录页面，可以对已保存的信息进行修改。

3. 删除题录

在列表中选中某条记录信息，单击"删除"按钮，系统弹出确认删除对话框；单击"确认"，申请权转让证明中文题录列表刷新，已删除的题录不显示在列表中。

▶▶ 9.4.5 专利权评价报告证明中文题录

在子菜单栏中选择 "专利权评价报告证明中文题录"，用户操作区的上方是题录信息查询区域，查询条件可以为许可人、被许可人中的一项或多项；下方显示专利权评价报告中文题录列表，如图 9-30 所示。

图 9-30　专利权评价报告证明中文题录

1. 生成题录

单击列表右上角的"生成题录"按钮，进入生成题录页面，用户根据案件情况填写相关信息，并根据情况上传相应附加文件，如图 9-31 所示。当用户单击"保存"按钮之后，新生成的题录将刷新显示在列表中。

2. 修改题录

在列表中选中某条记录信息，单击"修改"操作，页面直接转入专利权评价报告中文题录页面，可以对已保存的信息进行修改。

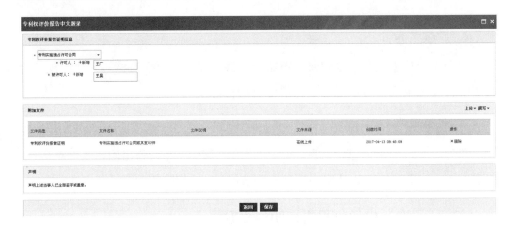

图 9-31　生成题录

3. 删除题录

在列表中选中某条记录信息，单击"删除"按钮，系统弹出确认删除对话框；单击"确认"，申请权转让证明中文题录列表刷新，已删除的题录不显示在列表中。

第10章

CHAPTER **10** ▶▶▶

其他功能

在线业务办理平台"其他"菜单包括了除专利申请及手续业务办理以外的管理、特殊业务,其中,离线电子申请转在线电子申请、电子备案请求、优先权文件数字接入服务(DAS)请求业务以及用户管理是在线业务办理平台特有的功能。

10.1 我的收藏

"我的收藏"子菜单,包括申请人、发明人和联系人的收藏夹,设置收藏夹的目的主要是减少用户重复信息的填写,提高专利申请案件的编辑效率。对于一些特定的电子申请用户,在专利申请中的申请人和联系人信息基本上是不变的,因此,使用好我的收藏功能,可以避免在专利申请中重复填写信息的问题。

▶▶ 10.1.1 增加新的收藏

以增加申请人收藏信息为例,在导航栏中选择"其他"菜单,选择左侧"我的收藏"子菜单下的"已收藏申请人",单击"新增"按钮,如图 10-1 所示。

由图 10-2 可见,填写的项目和专利请求书申请人中的内容是一致的,其编辑填写模式也和编辑专利申请时填写申请人信息相同，所有信息填写完整，单击"保存"按钮。

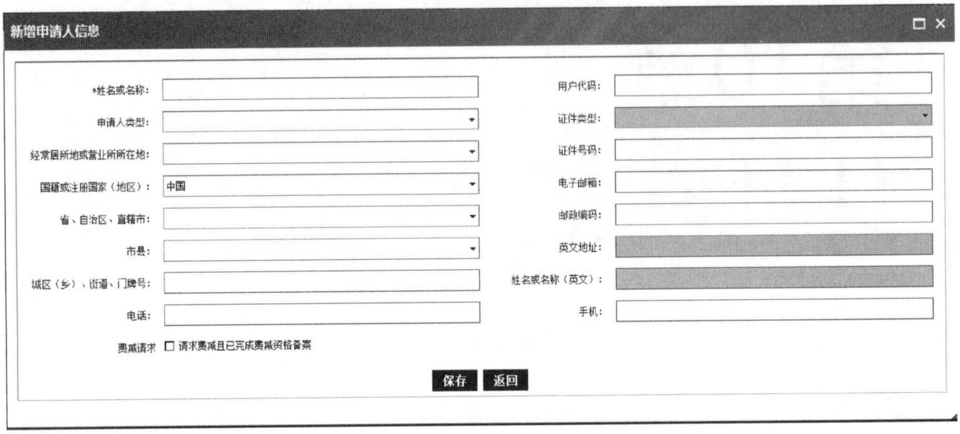

图 10-1 新增申请人收藏信息

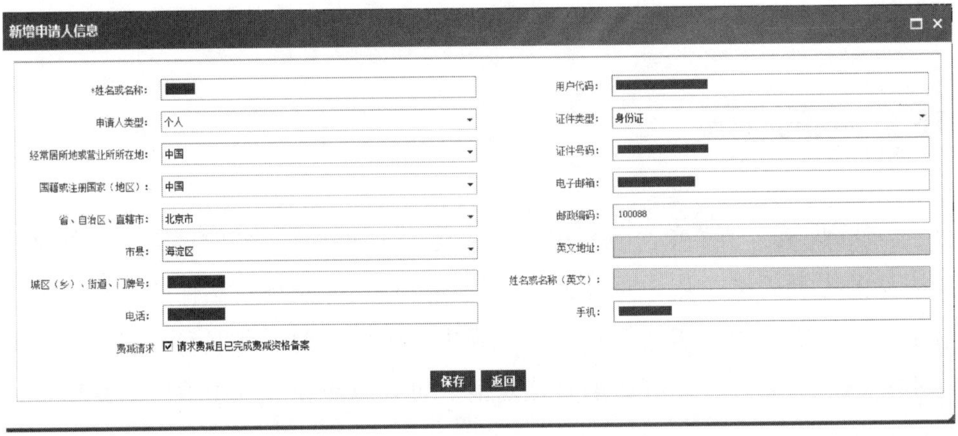

图 10-2 填写申请人收藏信息

该申请人信息已被收藏，如图 10-3 所示。

当然，用户可以随时对已收藏的申请人信息进行"修改"和"删除"操作。

图 10-3　申请人信息收藏成功

▶▶ 10.1.2　调用我的收藏

在专利申请的编辑过程中，可以随时调用"我的收藏"中的信息，以本书第4 章介绍的发明专利新申请为例。单击"新申请办理"菜单，选择"发明专利申请"，单击"新申请办理"，如图 10-4 所示。

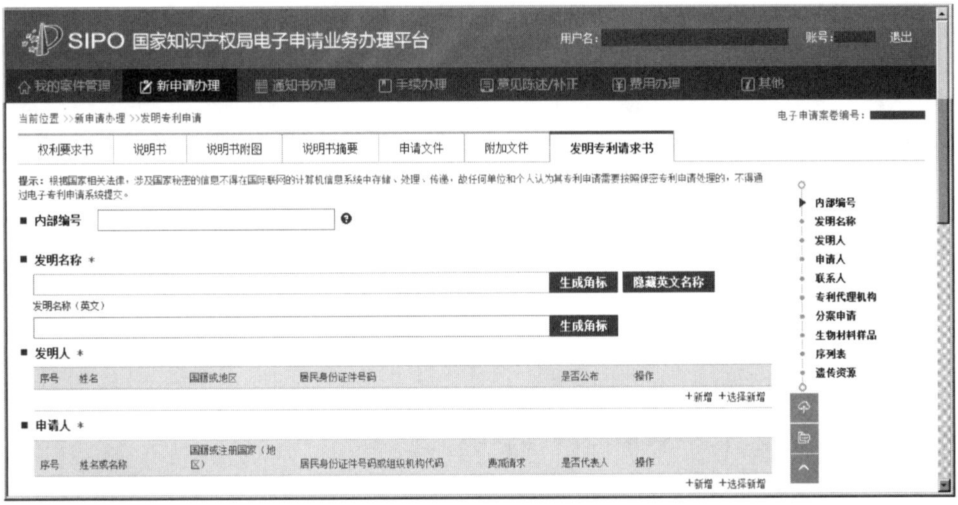

图 10-4　新申请办理

在申请人栏目，单击右侧"选择新增"案件，如图10-5所示。

所有已收藏的申请人全部显示在列表中，可以选择一个或多个已收藏申请人，点击"确定"按钮，如图10-6所示。

需要注意的是，如果导入多个收藏夹中的申请人信息，申请人顺序是按照收藏列表的排序，用户可以在导入之后使用"上移"和"下移"功能调整申请人顺序。

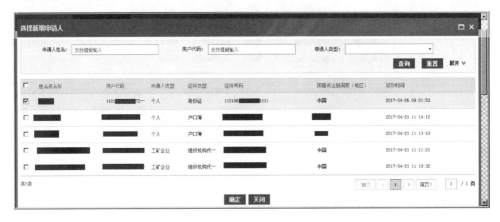

图 10-5 选择已收藏申请人信息

图 10-6 调用已收藏申请人信息

▶▶ 10.1.3 专利申请信息添加收藏

除了在"我的收藏"子菜单中新增收藏信息，在线业务办理平台还支持在专利申请案件编辑过程中随时将发明人、申请人和联系人信息添加到收藏夹。以编辑发明专利请求书为例，在新增申请人栏目中单击"新增"，如图 10-7 所示。

填写第二申请人的完整信息后，单击下方的"收藏"，系统会提示"收藏成功"，在收藏夹中就可以看到该申请人收藏信息，如图 10-8 所示。

图 10-7　在新增申请人添加收藏信息

图 10-8　添加申请人成功

10.2 离线电子申请转在线电子申请

通过离线电子申请客户端（CPC 客户端）提交的电子申请为离线电子申请，通过在线业务办理平台提交的电子申请称为在线电子申请。在线电子申请形式是和纸件形式、离线电子申请形式并列的专利申请形式。

目前提供离线电子申请转为在线电子申请的途径，离线转换在线合格的，将被视为在线电子申请，除另有规定外，其后续手续办理应当通过在线平台以在线方式提交。

纸件申请可以先转为离线电子申请后再转为在线电子申请，目前在线业务办理平台不提供在线电子申请转为离线电子申请的功能。

在导航菜单栏中选择"其他"菜单，单击左侧"离线转在线"子菜单，如图 10-9 所示。

图 10-9　离线转在线电子申请

在查询操作区输入需要办理转换业务的申请号，单击"查询"按钮，在案件查询列表中选择该申请，单击右上角"业务办理"按钮，如图 10-10 所示。

单击"提交"按钮，即完成离线电子申请转换在线电子申请的操作。

在"业务办理历史"标签中，可以查看已请求办理离线转在线申请的审批状态，如图 10-11 所示。

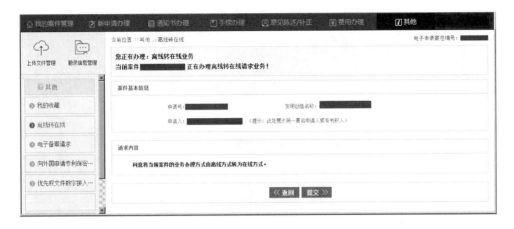

图 10-10　办理离线转在线

图 10-11　查询离线转在线申请

10.3　电子备案请求

在办理专利申请及手续中经常需要提交证明类文件，尤其对纸件申请来说，证明类纸件原件往往仅有一份，无法多次提交，而出具经公证的复印件，申请人需要付出成本和时间的代价。为此，国家知识产权专利局提供文件备案业务，经备案的证明类文件，可以在专利审查程序中多次重复引用，不必多次提交证明类文件或其电子扫描文件。

▶▶ 10.3.1 电子备案类型

在线业务办理平台对备案的证明文件类型进行了细分，除保留原有的总委托书备案之外，将原有证明文件分为 21 个文件类型，详见表 10-1。

表 10-1 电子备案证明文件类型

序号	电子备案证明文件类型
1	总委托书
2	PCT 进入国家阶段申请转让证明
3	优先权转让证明
4	解除/辞去委托证明
5	工商管理部门出具的关于企业更名的证明文件
6	户籍管理部门出具的证明
7	登记管理部门或民政部门出具的关于事业单位或社会团体更名的证明文件
8	上级主管部门签发的证明文件
9	企业注销的证明文件
10	有关公司合并或分立的证明文件
11	破产清算的详细财产分配情况的证明
12	公证机关证明继承人合法地位的公证书
13	身份证明文件的公证文件
14	双方当事人签字或者盖章的赠与合同
15	商务部门技术出具的技术出口合同
16	关于改正译名错误的声明
17	专利申请权或专利权转移协议或转让合同
18	生物材料保藏证明
19	生物材料存活证明
20	工商管理部门出具的企业组织形式改变的证明文件
21	上级专管部门作出的改变企业组织形式的批示
22	其他证明

通过在线业务办理平台进行电子备案的，需要说明的是：

（1）提交电子备案请求成功的，需要在 1 个月内将备案的证明文件的纸件原件提交至国家知识产权局专利局，请求人可以通过到国家知识产权局专利局对外服务窗口或邮件两种方式提交纸件原件。邮寄地址为北京市海淀区西土城路6号国家专利局对外服务处。邮政编码为100088。

如果请求人未在规定时间内提交纸件原件或者提交的纸件原件和提交电子备案同时提交的电子扫描文件不一致的，备案请求将无法获得审批。

（2）电子备案请求和纸件原件提交后，请求人需要在5工作日之后在交互平台中查询审批进度，经审查合格的，将获得该文件的正式备案号。

（3）通过在线业务办理平台备案合格的证明文件，不仅适用于在线电子申请证明文件的提交，同时也可以适用纸件申请和离线电子申请文件的提交。

▶▶ 10.3.2　电子备案的请求编辑和提交

选择导航菜单栏中的"其他"菜单，在左侧"电子备案请求"子菜单里单击"证明文件备案"，用户操作区上方是查询操作区，电子申请用户根据不同条件查询已办理的备案情况。单击"新备案办理"按钮，如图10-12所示。

图10-12　办理证明文件备案

电子备案类型分为"首次备案"和"对已备案文件补充备案",这类似于专利申请的新申请和中间文件手续,"对已备案文件补充备案"是对备案信息的补充和变更。

默认选择"首次备案",下拉选择备案文件的类型,以"17-专利申请权或专利权转移协议或转让合同"为例,单击"填写题录及上传附件"按钮,如图 10-13 所示。

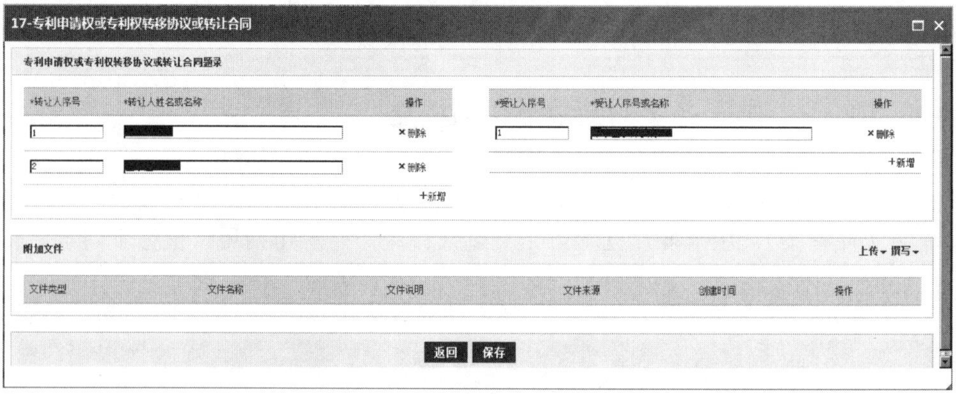

图 10-13　填写题录及上传附件

每种不同证明文件需要填写的题录信息不同,这里转让合同需要填写转让人信息,包括转让人序号和姓名或名称,受让人信息包括受让人序号和姓名或名称。转让人和受让人均可以填写多个,通过单击各自填写栏目的"新增"功能就可以实现。需要注意的是,填写的题录信息必须和导入的备案文件的电子扫描文件信息完全一致。

填写完成题录信息,单击"附加文件"栏右侧的"上传"或者"撰写",如果证明文件的电子扫描件提前已导入在线业务办理平台,可以选择"上传";如果没有,应当选择"撰写",如图 10-14 所示。

上传相关证明文件,导入文件的格式和尺寸要求可参考操作提示。

完成题录信息撰写和附加文件的上传,保存后返回证明文件备案页面,继续填写"权利人"和"请求人"等其他信息,如图 10-15 所示。

图 10-14　撰写附加文件

图 10-15　填写其他备案信息

　　下一步，需要填写备案的证明文件涉及的专利申请号范围，当然，不是所有
备案文件都需要填写涉及申请号范围，如总委托书就不需要填写，不填申请号的
文件代表这个证明文件可以应用于全部专利申请。

　　由于证明文件备案后可以重复使用，备案的文件往往涉及多个申请号。为简
化用户的操作，不需要申请人逐一手工输入申请号，在线业务办理平台提供了两
种输入或导入方式，一种是"从历史案件中选择"，指从该电子申请权限名下所有

259

的专利申请号中选择输入；第二种是直接导入 Excel 表格式的批量申请号，包括国家申请号和国际申请号两类。

对导入 Excel 表格式的具体要求如下：

（1）批量转换一批最大数量为 1000 条（Excel 中 A 列最多 1000 行）。

（2）申请号应顺序填在 SHEET1 里的 A 列，并将 A 列的单元格式设置为"文本"格式。

（3）申请号校验位前不应带点，应写成"200710162942X"。

（4）申请号的校验位是 X 的应大写。

单击"导入国家申请号号单"按钮，如图 10-16 所示。

图 10-16　导入国家申请号号单

选择导入的号单后，单击"打开"按钮，如图 10-17 所示。

在用户操作区下方，对备案手续审批通知的"送达方式"，平台默认为"网上获取"，用户暂不能选择其他方式。

完成全部备案信息的编辑，单击"保存"按钮，再单击"预览"按钮，确认无误后单击"提交"按钮，则系统提示成功提交，如图 10-18 所示。

图 10-17　已导入的国家申请号号单

图 10-18　成功提交证明文件备案请求

电子申请用户可以通过"电子备案请求"子菜单中的"业务办理历史"标签查询审批状态，如图 10-19 所示。

国家知识产权局专利局收到纸件原件备案文件，经审查合格或者不合格的，通过在线业务办理平台提交备案请求的，均不发出文件备案通知书。请求人可通过查询获得审批进度和审查结果，如图 10-20 所示。

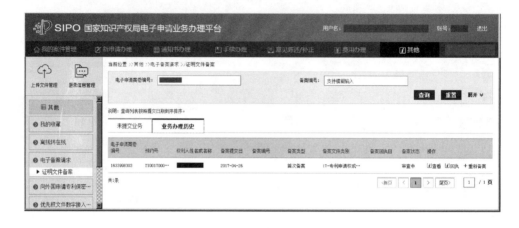

图 10-19　查询证明文件备案状态

图 10-20　查询审批状态

对于审批完成的，可以单击该备案信息的"回执"查看备案结论，正式文件备案编号显示在回执中，如图 10-21 所示。

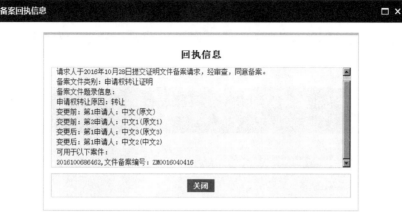

图 10-21 查看备案信息回执

10.4 向外国申请专利保密审查请求

通过在线业务办理平台可以办理向外国申请专利保密审查请求，与离线电子申请（CPC 客户端）不同的是，在线业务办理平台不允许在办理新申请该项请求，仅提供在申请后提交向外申请专利保密审查请求的功能。

选择导航菜单栏"其他"菜单，在左侧选择"向外申请专利保密审查请求"子菜单，如图 10-22 所示。

图 10-22 办理向外申请专利保密审查请求

电子申请用户需先输入要提出保密审查请求的申请号，单击"查询"按钮，在查询结果显示区域单击"业务办理"按钮，保存后提交即完成向外申请保密请求的提交，如图 10-23 所示。

图 10-23　成功办理向外申请专利保密审查请求

10.5　优先权文件数字接入服务（DAS）请求业务

优先权文件数字接入服务（Digital Access Service，DAS）是由世界知识产权组织国际局建立和管理、通过专利局间的合作、以电子交换方式获取经证明的在先申请文件副本（以下简称优先权文件）的电子服务。

该服务的主要内容为：申请人向首次局（Office of First Filing，OFF）提出交存优先权文件的请求，由首次局向 DAS 认可的数字图书馆交存该优先权文件、生成接入码并向国际局注册；之后，申请人向二次局（Office of Second Filing，OSF）提出查询优先权文件的请求，由二次局通过国际局从首次局获得该优先权文件，从而替代传统纸件优先权文件的出具及提交，即相当于满足了《保护工业产权巴黎公约》提交优先权文件的要求。

根据国家知识产权局第 169 号公告，自 2012 年 3 月 1 日起，优先权文件数字接入服务正式开通。参与该服务的最新参与局范围应以世界知识产权组织国际局及国家知识产权局网站公布信息为准。优先权文件数字接入服务不收取任何费用。

▶▶ **10.5.1 优先权文件数字接入服务（DAS）交存请求**

提交新申请的同时可以同时提出 DAS 交存请求，交存请求合格的，可以作为其他申请的优先权在先申请 DAS 查询请求的基础。

编辑新申请时，以发明专利申请为例，选择上方的"附加文件"标签，在"关联业务"中单击"添加"，如图 10-24 所示。

图 10-24　增加 DAS 请求

选择"DAS 请求书"，进入 DAS 请求编辑界面，如图 10-25 所示。

对于 DAS 请求，需要填写联系电话和电子邮箱，在"请求内容"中选择"交存请求"，保存后，点击"返回主业务"，即完成 DAS 交存请求的编辑。

图 10-25　编辑 DAS 请求

　　申请后也可以通过手续办理的方式提出 DAS 交存请求，在线业务办理平台中"其他"菜单中选择"优先权文件数字接入服务（DAS）请求业务"子菜单，编辑方式和新申请提交 DAS 请求相同。

▶▶ 10.5.2　优先权文件数字接入服务（DAS）查询请求

　　申请 DAS 交存请求成功的，将获得 DAS 接入码（Access Code），其他申请要求该专利申请作为在先申请提出优先权请求的，可以通过 DAS 查询请求的方式代替提交该申请的优先权副本。

　　以发明专利新申请为例，在上方的"附加文件"标签中选择"关联业务"中的"添加"，再选择"DAS 请求书"，进入 DAS 请求编辑界面，如图 10-26 所示。

　　选择"查询请求"，单击"新增"，可以逐项添加优先权在先申请的查询请求，保存后完成 DAS 查询请求的编辑，如图 10-27 所示。

图 10-26　DAS 请求查询

图 10-27　完成 DAS 查询请求编辑

DAS 请求业务编辑需要注意以下几点：

（1）DAS 请求书请求内容仅限定于交存请求或查询请求中的一项，即不允许同时提出交存和查询请求。

（2）与新申请同时提交的 DAS 请求书，申请号一栏无须填写，填写错误的，国家知识产权局专利局不予接收。

（3）提交 DAS 查询请求，应当确定原受理机构属于 DAS 服务范围内的参与局，目前 DAS 服务参与局包括日本、韩国、英国、澳大利亚、西班牙、瑞典、国际局、丹麦、芬兰和中国，别的国家可以通过 DAS 交换中国的在线优先权副本。

（4）接入码（Access Code）是由首次局或者国际局向 DAS 请求人提供的代码，

该代码可用于登录国际局 DAS 网站，以及授权二次局查询已交存的优先权文件。提出 DAS 查询请求的，应当事先已经获取每项查询优先权的接入码并填写正确。

10.6　用户管理

与离线电子申请不同，为方便企业和专利代理服务机构使用在线电子申请的管理功能，在线业务办理平台提供了账户管理功能，并分为主账户管理和子账户管理。

主账户实际就是电子申请注册代码，主账户拥有对其名下的专利申请案卷手续办理和交互平台功能的全权限。子账户是主账户指定的，根据实际需要自行设定的，由主账户赋予其专利申请案卷或部分功能权限的二级账户。

关于子账户的设置，需要说明的是：

（1）子账户分为两种类型，即功能型子账户和案件型子账户，这两种类型的账户用途各不相同。以专利代理服务机构为例，功能型子账户可以赋予专利代理人，登录后将只能对主账户赋权的部分案卷进行所有功能权限操作；案件型子账户可以赋权给流程部门的人员，登录后仅能使用与案件流程相关的功能，但可以处理该用户名下所有的案卷。

（2）一个子账户的类型是唯一的，不允许既是功能型又是案件型。

（3）对某一案件的某一功能的操作，赋权的功能型子账户和案件型子账户均可以进行处理。

►► 10.6.1　主账户管理

单击左侧"主账户管理"子菜单，查询操作区包括"单位代码管理""注册信息修改"和"密码修改"三个标签页，"注册信息修改"和"密码修改"是复用离线电子申请注册用户的功能，在此不再赘述。

"单位代码管理"为电子申请用户自行定义其下属机构，子账户的建立必须指定具体某一下属机构。在"单位代码管理"标签页下单击"添加单位代码"按钮，如图 10-28 所示。

图 10-28　添加单位代码

选择代码编号，填写"单位名称"后启用，单击"保存"按钮，即可完成对下属机构或部门的配置。

▶▶ 10.6.2　子账户管理

在"用户管理"子菜单下选择"子账户管理"，单击右上角"创建子账户"，如图 10-29 所示。

图 10-29　创建子账户

选择事先创建成功的单位代码，系统会自动生成"账户 ID"，填写"用户密码""用户姓名""身份证号"及其他子账户信息，单击"保存"按钮，如图 10-30 所示。

子账户创建成功后，需要确定子账户类型并赋予权限，选择一条记录并单击最右侧的"授权"，如图 10-31 所示。

269

图 10-30　成功创建子账户

图 10-31　选择子账户授权类型

首先选择该子账户是"案件授权"还是"功能授权"。

1. 案件授权

如果选择"案件授权"选项，单击"添加"按钮后，如图 10-32 所示。

单击"添加案件"按钮，如图 10-33 所示。

选择需要进行授权的案件，单击"保存"按钮即完成案件授权，如图 10-34 所示。

对于已经授权的案件，可以点击案件列表右侧的"取消授权"，取消该案件的授权。

图 10-32 案件类型授权

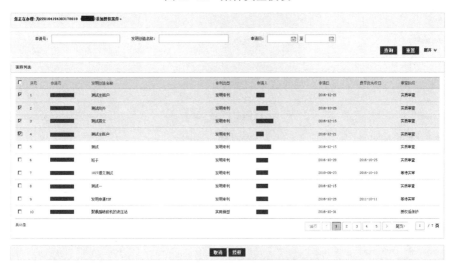

图 10-33 添加案件

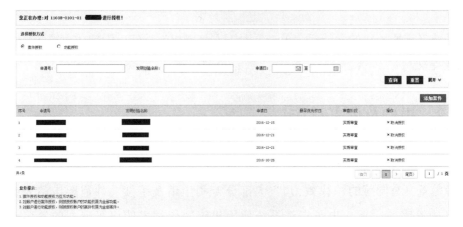

图 10-34 完成案件授权

2. 功能授权

选择"功能授权"选项，如图 10-35 所示。

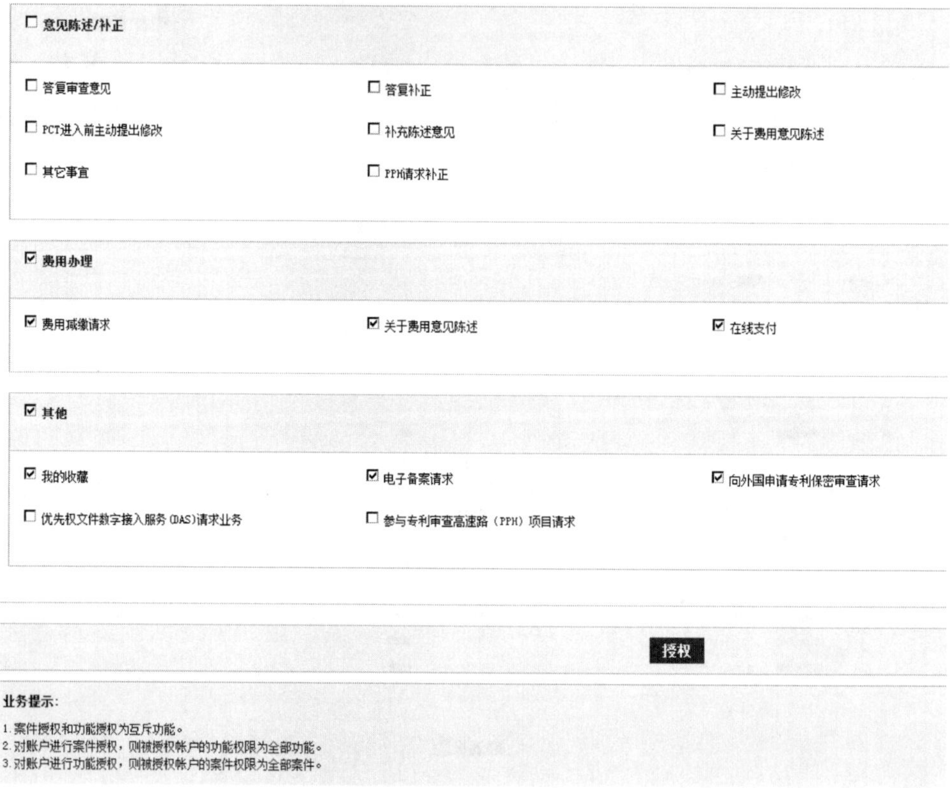

图 10-35　功能授权操作页面

选择需要授权的功能后，单击界面下方"授权"按钮，即完成对该子账户的功能授权。

10.7　用户及证书操作

《中华人民共和国电子签名法》第十四条规定，"可靠的电子签名与手写签名或者盖章具有同等的法律效力。"大部分专利申请及手续文件需要申请人或代理机构签字或盖章，电子申请系统使用相应密码技术的电子形式的签名，即电子签名。电子签名是指通过国家知识产权局专利局电子申请系统提交或发出的电子文件中所附的用于识别签名人身份并表明签名人认可其中内容的数据。《专利法实施细则》第一百一十九条第一款所述的签字或盖章，在电子申请文件中指电子签名，电子文件采用的电子签名与纸件文件的签字或者盖章具有相同的法律效力。

专利电子申请用户数字证书是注册用户注册成功以后，用于用户身份验证的一种权威性电子文档，国家知识产权局可以通过电子申请文件中的数字证书验证和识别用户的身份。数字证书只能通过中国专利电子申请网站下载一次，不能重复下载，用户应当妥善保存数字证书。数字证书的有限期为 3 年，期满前 1 个月，中国专利电子申请网站将提示用户对数字证书进行更新，逾期未更新的，数字证书将无法使用，用户应当及时对数字证书进行更新。

在线电子申请和离线电子申请共享使用电子申请注册用户代码及用户数字证书。离线电子申请在中国专利电子申请网站中包括证书相关管理功能，为方便电子申请用户使用在线业务办理平台，在进行数字证书相关操作时，不必退出在线业务办理平台并登录对外服务系统，在线业务办理平台也有相应数字证书管理功能。

"用户证书"包括两个部分，一是"证书管理"，包括数字证书的下载、更新、注销和查看；二是案件"证书权限管理"，包括单件修改证书权限和批量修改证书权限。需要注意的是，仅有主账户有权限进行注册用户信息修改和数字证书的相关操作。

▶▶ 10.7.1 数字证书的下载

在导航菜单中选择"其他"菜单，在左侧单击"用户证书"，如果用户没有下载过或者不存在任何有效数字证书时，用户可以下载数字证书。单击"下载证书"按钮，如图 10-36 所示。

系统提示"正在创建新的 RSA 交换密钥"，单击"确定"按钮，系统自动生成和安装证书，如图 10-37 所示。

证书下载安装成功后，在证书管理列表中将出现一个新的有效的数字证书。

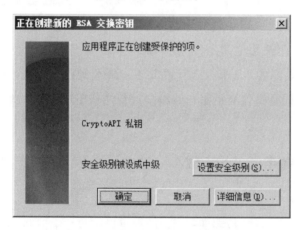

图 10-36　下载证书

图 10-37　创建 RSA 交换秘钥

▶▶ 10.7.2　数字证书的注销

当用户注册信息发生变化、数字证书私钥丢失、泄露或者疑似泄露时，用户需要自行注销数字证书。数字证书注销后，用户应当以书面形式提交电子申请注册事务意见陈述书和相关证明材料，请求重新签发数字证书。

274

在证书信息列表上方，选中需要注销的数字证书，单击"注销数字证书"按钮，如图10-38所示。

图 10-38 注销数字证书

单击"注销证书"按钮，系统提示"数字证书注销成功"，表示已经完成数字证书的注销，如图10-39所示。

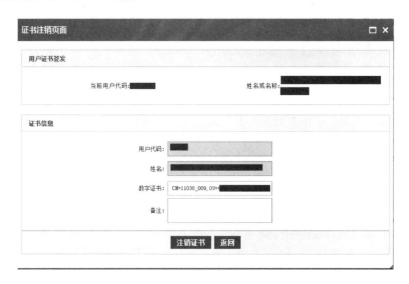

图 10-39 成功注销数字证书

▶▶ **10.7.3　数字证书的更新**

数字证书自签发之日起有效期为 3 年，数字证书的有效期和状态可以通过在线业务办理平台查询。如果数字证书超过有效期，数字证书将不能使用，用户应当在有效期前一个月在网站上更新数字证书。数字证书更新后，以更新日为起点，有效期延长 3 年。

在证书信息列表上方，选中需要更新的数字证书，单击"数字证书更新"按钮，如图 10-40 所示。

图 10-40　更新数字证书

选择数字证书，单击"更新证书"按钮，即完成数字证书的更新，如图 10-41 所示。

数字证书更新后，原数字证书还可以在有效期截止日前正常使用，从截止日起，用户需使用更新后的数字证书。

▶▶ **10.7.4　数字证书的查看**

在证书信息列表上方，选中需要查看的数字证书，单击"查看证书"按钮，可以看到证书的常规信息和详细信息，如图 10-42 所示。

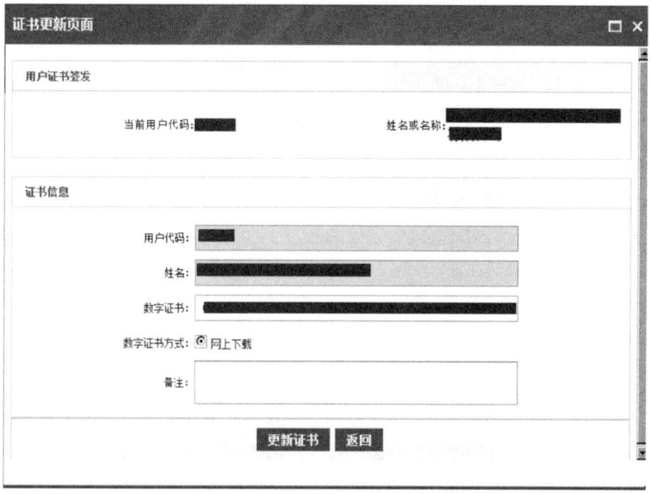

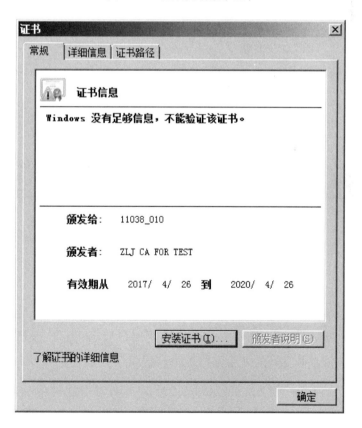

图 10-41　成功更新数字证书

图 10-42　查看数字证书

277

证书详细信息包括证书名称、注册用户名称、公钥、数字证书的有效期、颁发者等相关信息，如图 10-43 所示。

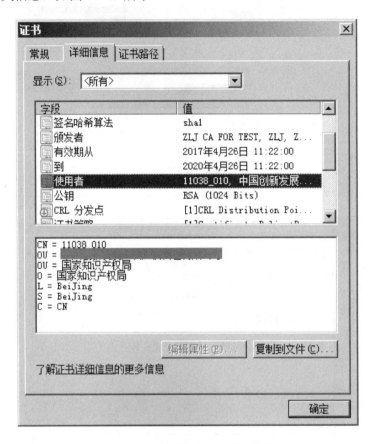

图 10-43　查看数字证书详细信息

▶▶ 10.7.5　数字证书的权限管理

数字证书发生变化时，如注销后重新签发数字证书或办理著录项目变更手续涉及专利申请提交权限人发生变化的，用户应当自行修改已提交电子申请对应的数字证书权限。在线业务办理平台提供了证书权限单件和批量修改的功能。

在导航菜单中选择"其他"菜单，在左侧单击"用户证书"，选择"证书权限管理"，直接选择"查询"，将会查询出用户名下所有案件，如图 10-44 所示。

图 10-44　查看数字证书权限

选中需要修改提交权限的申请，单击"修改证书权限"按钮，将申请号对应的证书权限修改到新的有效的数字证书上，如图 10-45 所示。

图 10-45　修改证书权限

单击"确定"按钮，即完成案件证书权限的修改。

批量数字证书权限修改支持将对应旧数字证书下的所有案件一次性全部转到新的证书。单击"批量修改证书权限"按钮，在批量修改证书权限界面，将原来数字证书下的案件对应的证书权限修改到新的有效的数字证书上，如图 10-46 所示。

单击"确定"按钮，即完成批量案件证书权限的修改。

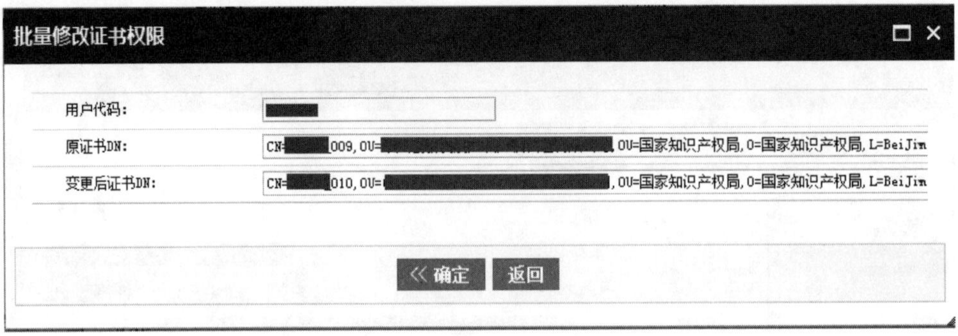

图 10-46　批量修改证书权限

附　　录

附录1　专利收费标准

专利收费标准见附表1和附表2。

附表1　专利收费标准国内部分

费用种类	金额（元）
一、申请费	
（一）发明专利	900
（二）实用新型专利	500
（三）外观设计专利	500
二、申请附加费	
（一）权利要求附加费从第11项起每项加收	150
（二）说明书附加费从第31页起每页加收	50
从第301页起每页加收	100
三、公告、公布印刷费	50
四、优先权要求费（每项）	80
五、发明专利申请实质审查费	2500
六、复审费	
（一）发明专利	1000
（二）实用新型专利	300
（三）外观设计专利	300
七、专利登记费	
（一）发明专利	200
（二）实用新型专利	150
（三）外观设计专利	150

续表

费用种类	金额（元）
八、年费	
（一）发明专利	
1～3 年（每年）	900
4～6 年（每年）	1200
7～9 年（每年）	2000
10～12 年（每年）	4000
13～15 年（每年）	6000
16～20 年（每年）	8000
二、实用新型专利、外观设计专利	
1～3 年（每年）	600
4～5 年（每年）	900
6～8 年（每年）	1200
9～10 年（每年）	2000
九、年费滞纳金	
每超过规定的缴费时间 1 个月，加收当年全额年费的 5%	
十、恢复权利请求费	1000
十一、延长期限请求费	
（一）第一次延长期限请求费（每月）	300
（二）再次延长期限请求费（每月）	2000
十二、著录项目变更费	
（一）发明人、申请人、专利权人的变更	200
（二）专利代理机构、代理人委托关系的变更	50
十三、专利权评价报告请求费	
（一）实用新型专利	2400
（二）外观设计专利	2400
十四、无效宣告请求费	
（一）发明专利权	3000
（二）实用新型专利权	1500
（三）外观设计专利权	1500
十五、专利文件副本证明费（每份）	30

附表2　PCT申请进入国家阶段部分

费用种类	金额（元）
一、宽限费	1000
二、译文改正费	
初审阶段	300
实审阶段	1200
三、单一性恢复费	900
四、优先权恢复费	1000

注：由中国国家知识产权局作为受理局受理的PCT申请在进入国家阶段时免缴申请费及申请附加费。

由中国国家知识产权局作出国际检索报告或专利性国际初步报告的PCT申请，在进入国家阶段并提出实质审查请求时，免缴实质审查费。

由欧洲专利局、日本特许厅、瑞典专利局三个国际检索单位作出国际检索报告的PCT申请，在进入国家阶段并提出实质审查请求时，减缴20%的实质审查费。

PCT申请进入中国国家阶段的其他收费标准依照国内部分执行。

附录2　常见问题与解答

一、网络环境配置

1．在线业务办理平台支持哪些浏览器？

答：在线业务办理平台目前仅支持IE8-IE10。

2．在线业务办理平台是否支持硬证书？

答：在线业务办理平台目前不支持USB-KEY数字证书。

3．IE8信任站点已添加，但是还是提示需要添加信任站点？

答：请将信任站点下面的默认级别改为最低。

二、账户及证书

1．通过在线业务办理平台收到通知书后，是直接分派到子账号，还是需要将通知书下载，再发给相应代理人？

答：子账户分为功能权限子账户和案件权限子账户。主账户、赋予通知书确认功能子账户和包含该申请的案卷权限子账户均可确认下载通知书。

在线业务办理平台的通知书，不直接发给子账户，而是发给案卷权限人或第三方指定接收人。针对发送给案卷权限人，首先确保主账户能够接收，而子账户拥有案件权限，也是可以进行通知书确认接收。

2．账号登录和证书登录各自的权限是什么？什么情况下必须使用证书登录？

答：权限一致，如果办理新申请提交、主动撤回、主动放弃等需要使用证书的手续，则需要使用证书登录。

三、业务办理操作

1．什么情况下能提出批量变更？

答：变更内容完全一致的在线电子申请。

2．连续变更只显示后一次变更信息，无法查看首次变更信息，是否影响著变？

答：如果是连续变更，请分别提交著录项目变更申报书。

3．证明文件备案结果怎么查询？在线业务办理平台是否有通知书或回执？

答：通过在线业务办理平台提交的备案请求，可以通过平台"其他"菜单、证明文件备案功能中的"业务办理历史"页面查询备案进展情况和备案结果。"业务办理历史"页面提供备案电子回执。

4．已经答复的通知书能不能用答复审查意见或答复补正？

答：不能，请使用补充答复意见。

5．在线业务办理平台提交新申请涉及费减或费用减缴请求书时，是否必须要求在专利事务服务系统中查询到费减备案状态为合格？比如申请人在专利事务服务系统上填写完费减备案信息，但尚未邮寄费减材料至代办处，此时可否提交专利勾选"请求费减并已完成资格备案"事项？

答：申请人在专利事务服务系统上提交费减备案信息 24 小时后，用户在在线业务办理平台提交申请时才能请求费用减缴，与是否邮寄材料无关。在线业务办理平台提示费减备案信息或备案信息为不合格时，在线电子申请不能请求费用减缴。

6．在线业务办理平台编辑案子一切正常，预览之后点提交的时候提示打包异常，浏览器、证书控件、**Office** 均已核实。报错如附图 1 所示，怎么解决？

附图 1 提交报错

答：用户可能选择了实体不存在的文件进行上传，请将文件删除后重新上传。

7. 在线业务办理平台编辑完权利要求书之后点击保存到服务器时报错，怎么办？如附图 2 所示。

附图 2 保存到服务器时报错

答：用户在编辑时使用 WORD 的编号功能与程序编号冲突，删除编号重新拷贝入即可。

8. 在收到受理通知书之后是否可以立即办理提交撤回专利申请请求？还是需要等待几日？

答：在线电子申请提交成功后即时会收到受理通知书，待新申请数据进入审查系统后即可以办理主动撤回业务。

四、在线业务办理平台与 CPC 客户端的关系

1. 在线业务办理平台和电子申请客户端（CPC 客户端）是什么关系？

答：在线业务办理平台和 CPC 客户端均可以办理专利申请业务。在线业务办理平台是 2016 年 10 月 29 日新增的一种专利申请业务办理模式，提供的是在线编辑、验证著录项目信息、提交文件和及时反馈结果的功能。具有业务办理更准确、手续办理更快捷等优点。

2．是否可以通过在线申请方式，递交离线电子申请的中间文件？

答：不可以。

3．是否支持离线电子申请与在线电子申请之间案卷包的互相导入？

答：离线电子申请和在线电子申请案卷包可以相互导入，但仅能保证案卷包中申请文件（发明及实用新型请求书、说明书摘要、权利要求书、说明书、说明书附图和外观设计请求书、外观设计的图片或照片、简要说明）的互导。

4．著变提交权限是否与 CPC 客户端完全一致？

答：和电子申请 CPC 客户端一致，但著变手续本身不限定提交权限。

5．第三方意见怎么提，是否与 CPC 客户端一样无法同时递交附件？

答：登录在线业务办理平台，查询到申请号后，就可以提交第三方意见，规则和 CPC 客户端一致。

6．CPC 客户端里导出的案卷导入到在线业务办理平台后，之前用 PDF 导入的文件显示页数为 0，权利要求书和说明书附图在平台可以更改页数，但是说明书无法更改页数，提交报错说明书页数为 0，不可提交。

答：目前 PDF 文件不支持填写页数。从 CPC 客户端导入的案卷包无法提取页数，请提交人删除 PDF 文件，使用交互式平台重新上传 PDF 即可。

五、其他问题

1．假若通知书可以下载或者导出，通知书的格式与电子申请导出的格式是一样的吗？

答：通过在线业务办理平台接收确认的通知书，是可以另行下载、导出的。下载的格式除受理通知书、缴费、费减通知书是网页格式外，其他通知书类型与电子申请下载的通知书格式是一样的。

2．登录对外服务系统能否查询在线业务办理平台提交的案子，办理相关业务？

答：不能。

3. 在线业务办理平台中的纸件通知书申请是否只针对交互式？

答：是的，在线业务办理平台中的纸件通知书申请只针对在线发出的通知书。

4. 在线业务办理平台每半个小时需要重新登录，是正常的吗？

答：出于安全性考虑，长时间无操作，系统默认自动退出已登录账户。

附录3　在线业务办理平台强制校验规则

在线业务办理平台在新申请文件提交时将进行强制校验，提示申请人对不符合校验规则的提交项进行改正，如果未按要求修改，将无法完成提交或其他办理业务。

截至目前，在线业务办理平台强制校验规则见附表3～附表7。需要说明的是，这些规则将会随着业务的变化而进行调整，我局也将会及时公布变化的规则。

附表3　发明专利申请校验规则

序号	校验项目	校验规则
1	发明名称	必须填写发明名称
2		发明名称应当使用规范的中文表述，应至少包含一个汉字，且不应超过128个字
3	发明人	专利申请应当至少填写一个发明人姓名
4		第一发明人国籍是中国的，必须填写其正确的身份证件号码
5		应规范填写发明人姓名。发明人姓名应当由汉字，大写英文字母，圆点（中圆点、下圆点），-，—（全角、半角、中横线、下横线）组成，且至少包含一个汉字。（圆点、-、—不能在最前或最后）
6		发明人姓名不得含有繁体字、异体字
7		发明人姓名应小于20个字
8	申请人	如果未委托代理机构，请求书中填写的代表人用户注册代码及姓名应当与登录用户注册信息匹配
9		专利申请应当至少有一名申请人
10		申请人姓名不能重复填写
11		第一署名申请人为在中国没有经常居所或者营业所的外国人、外国企业、外国其他组织或中国香港、台湾、澳门人（应为港澳台地区申请人），应当委托专利代理机构
12		请求书中应填写规范的申请人姓名。申请人姓名应当由汉字，大写英文字母，圆点（中圆点、下圆点），-，—（全角、半角、中横线、下横线）组成，且至少包含一个汉字。申请人中顿号、空格、数字、括号可以单独出现
13		申请人应当填写国籍或注册的国家或地区

序号	校验项目	校验规则
14	申请人	应当填写正确有效的申请人个人身份证件号码或组织机构代码
15		应当分别详细填写申请人地址中省、市、详细地址信息
16		必须填写申请人类型
17		申请人请求费用减缴的，应当勾选全部费用减缴请求
18		代表人地址应为中国国内地址
19		应指定申请人之一为代表人，不可指定多个申请人为代表人
20	代理机构	如果委托代理机构的，应填写至少一个代理人信息，且代理人姓名不能重复填写
21	分案申请	分案申请填写原申请时，原申请类型应当保持不变
22		分案信息中填写的原申请号应当与国家知识产权局记载的分案申请的原申请号一致
23		分案信息填写的原申请日应当与国家知识产权局记载的申请日一致
24		分案申请的发明人应当与原申请的发明人一致
25	生物保藏	填写的生物保藏中文题录信息应当与请求书填写的一致
26	遗传资源	如果填写遗传资源名称，应当与遗传资源来源披露登记信息一致
27	要求优先权声明	填写的多个优先权声明的在先申请号应当不重复
28		应当完整填写所有要求优先权声明的信息
29		应当完整填写所有优先权在先申请副本题录信息
30	文件包完整性	申请人已经提交了 PDF/WORD 格式的权利要求书，不可再提交在线编辑的权利要求书
31		申请人已经提交了PDF/WORD格式的说明书，不可再提交在线编辑的说明书
32		申请人已经提交了PDF/WORD格式的说明书摘要，不可再提交在线编辑的说明书摘要
33		申请人已经提交了 PDF/WORD 格式的说明书附图，不可再提交在线编辑的说明书附图
34		发明专利申请应至少包括请求书、说明书、权利要求书

附表4 实用新型专利申请校验规则

序号	校验项目	校验规则
1	实用新型名称	必须填写实用新型名称
3		实用新型名称应当使用规范的中文表述，应至少包含一个汉字，且不应超过40字
6	发明人	专利申请应当至少填写一个发明人姓名
7		第一发明人国籍是中国的，必须填写其正确的身份证件号码
8		应规范填写发明人姓名。发明人姓名应当由汉字，大写英文字母，圆点（中圆点、下圆点），-，—（全角、半角、中横线、下横线）组成，且至少包含一个汉字。（圆点、-、—不能在最前或最后）

续表

序号	校验项目	校验规则
9	发明人	发明人姓名不得含有繁体字、异体字
		发明人姓名应小于20个字
14	申请人	请求书中填写的申请人（代表人）用户注册代码及姓名或名称应当与登录用户注册信息应匹配一致
15		专利申请应当至少有一名申请人
		申请人姓名不能重复填写
16		第一署名申请人为在中国没有经常居所或者营业所的外国人、外国企业、外国其他组织或中国香港人、中国台湾人、中国澳门人（应为港澳台地区申请人），应当委托专利代理机构
18	申请人	请求书中应填写规范的申请人姓名。申请人姓名应当由汉字，大写英文字母，圆点（中圆点、下圆点），-，—（全角、半角、中横线、下横线）组成，且至少包含一个汉字。申请人中顿号、空格、数字、括号可以单独出现
19		申请人应当填写国籍或注册的国家或地区
20		应当填写正确有效的申请人个人身份证件号码或组织机构代码
24		应当分别详细填写申请人地址中省、市、详细地址信息
25		必须填写申请人类型
26		申请人请求费用减缴的，应当勾选全部费用减缴请求
27		代表人地址应为中国国内地址
28		应指定申请人之一为代表人，不可指定多个申请人为代表人
5	代理机构	如果委托代理机构的，应填写至少一个代理人信息，且代理人姓名不能重复填写
10		分案申请填写原申请时，原申请类型应当保持不变
11	分案申请	分案信息中填写的原申请号应当与国家知识产权局记载的分案申请的原申请号一致
12		分案信息填写的原申请日应当与国家知识产权局记载的申请日一致
13		分案申请的发明人应当与原申请的发明人一致
40		填写的多个优先权声明的在先申请号应当不重复
41	要求优先权声明	应当完整填写所有要求优先权声明信息
42		应当完整填写所有优先权在先申请副本题录信息
43		分案申请中原案申请号和要求优先权声明中的在先申请号应该不相同
35		申请人已经提交了PDF/WORD格式的权利要求书，不可再提交在线编辑的权利要求书
36		申请人已经提交了PDF/WORD格式的说明书，不可再提交在线编辑的说明书
37	文件包完整性	申请人已经提交了PDF/WORD格式的说明书摘要，不可再提交在线编辑的说明书摘要
38		申请人已经提交了PDF/WORD格式的说明书附图，不可再提交在线编辑的说明书附图
39		实用新型专利申请应至少包括请求书、说明书、权利要求书、说明书附图

附表 5 外观设计专利申请校验规则

序号	校验项目	校验规则
1	外观设计的产品名称	必须填写外观设计的产品名称
2		外观设计产品名称应当使用中文表述，应至少包含一个汉字，且不应超过 40 字
4	设计人	专利申请应当至少填写一个设计人姓名
5		第一设计人国籍是中国的，必须填写其正确的身份证件号码
6		应规范填写设计人姓名。设计人姓名应当由汉字，大写英文字母，圆点（中圆点、下圆点），-，—（全角、半角、中横线、下横线）组成，且至少包含一个汉字。（圆点、-、—不能在最前或最后）
7		发明人姓名不得含有繁体字、异体字
8		设计人姓名应小于 20 个字
9	申请人	请求书中填写的申请人（代表人）用户注册代码及姓名或名称应当与登录用户注册信息应匹配
10		专利申请应当至少有一名申请人
11		申请人姓名重复填写
12		第一署名申请人为在中国没有经常居所或者营业所的外国人、外国企业、外国其他组织或者中国香港人、中国台湾人、中国澳门人（应为港澳台地区申请人），应当委托专利代理机构
13		请求书中应填写规范的申请人姓名。申请人姓名应当由汉字，大写英文字母，圆点（中圆点、下圆点），-，—（全角、半角、中横线、下横线）组成，且至少包含一个汉字。申请人中顿号、空格、数字、括号可以单独出现
14		应当填写正确有效的申请人个人身份证件号码或组织机构代码
15		申请人应当填写国籍或注册的国家或地区
17		应当分别详细填写申请人地址中省、市、详细地址信息
18		必须填写申请人类型
19		申请人请求费用减缴的，应当勾选全部费用减缴请求
20		代表人地址应为中国国内地址
21		应指定申请人之一为代表人，不可指定多个申请人为代表人
22	代理委托	如果委托代理机构的，应填写至少一个代理人信息，且代理人姓名不能重复填写
24	分案申请	分案申请填写原申请时，原申请类型应当保持不变
25		分案信息中填写的原申请号应当与国家知识产权局记载的分案申请的原申请号一致
26		分案信息填写的原申请日应当与国家知识产权局记载的申请日一致
27		分案申请的发明人应当与原申请的发明人一致
28	要求优先权声明	填写的优先权声明在先申请号不应重复
29		应当完整填写所有要求优先权声明信息
31	文件包完整性	外观设计专利申请应至少包括请求书、外观设计图片或照片、外观简要说明

附表6 PCT进入国家阶段发明专利申请校验规则

序号	校验项目	检验规则
1	国际信息	必须填写国际申请号
2		已经办理了进入中国国家阶段手续的申请，不可重复进入
3	发明名称	必须填写发明名称，且不应超过128个字
4	发明人	应当至少一个填写发明人姓名
5	申请人	如果未委托代理机构，请求书中填写的申请人（代表人）用户注册代码及姓名或名称应当与登录用户注册信息应匹配
6		专利申请应当至少有一名申请人
7		应当填写至少一个申请人姓名
8		应当规范填写申请人中文姓名或名称。申请人姓名应当由汉字，大写英文字母，圆点（中圆点、下圆点），-，—（全角、半角、中横线、下横线）组成，且至少包含一个汉字
9		申请人请求费用减缴的，需全部勾选费用减缴请求
10		应指定申请人之一为代表人，不可指定多个申请人为代表人
12	代理委托	如果委托代理机构的，应填写至少一个代理人信息，且代理人姓名不能重复填写
17	文件包完整性	申请人已经提交了PDF/WORD格式的权利要求书，不可再提交在线编辑的权利要求书
18		申请人已经提交了PDF/WORD格式的说明书，不可再提交在线编辑格式的说明书
19		申请人已经提交了PDF/WORD版本的说明书摘要，不可再提交在线编辑版本的说明书摘要
20		申请人已经提交了PDF/WORD格式的说明书附图，不可再提交在线编辑的说明书附图
21		PCT进入国家阶段发明专利申请应至少包括请求书、说明书、权利要求书

附表7 PCT进入国家阶段实用新型专利申请校验规则

序号	校验项目	校验规则
1	国际信息	必须填写国际申请号
2		已经办理了进入中国国家阶段手续的申请，不可重复进入
3	实用新型名称	必须填写实用新型名称，且不应超过128个字
4	发明人	应当填写至少一个发明人姓名
5	申请人	如果未委托代理机构，请求书中填写的申请人（代表人）用户注册代码及姓名或名称应当与登录用户注册信息应匹配
6		专利申请应当至少有一名申请人
7		应当填写至少一个申请人姓名
8		应当规范填写申请人中文姓名或名称。申请人姓名应当由汉字，大写英文字母，圆点（中圆点、下圆点），-，—（全角、半角、中横线、下横线）组成，且至少包含一个汉字

续表

序号	校验项目	校验规则
9	申请人	申请人请求费用减缴，需全部勾选费用减缴请求
10		应指定申请人之一为代表人，不可指定多个申请人为代表人
11	代理委托	如果委托代理机构的，必须填写第一代理人信息
12		如果委托代理机构的，填写代理人应该不重复
17	案件包完整性	申请人已经提交了 PDF/WORD 格式的权利要求书，不可再提交在线编辑的权利要求书
18		申请人已经提交了 PDF/WORD 格式的说明书，不可再提交在线编辑格式的说明书
19		申请人已经提交了 PDF/WORD 格式的说明书摘要，不可再提交在线编辑格式的说明书摘要
20		申请人已经提交了 PDF/WORD 格式的说明书附图，不可再提交在线编辑格式的说明书附图
21		PCT 进入国家阶段实用新型专利申请应至少包括请求书、说明书、权利要求书

致　　谢

国家知识产权局专利电子申请业务办理平台作为中国专利受理及初步审查系统的重要组成部分，于 2016 年 10 月上线使用。正是在国家知识产权局相关领导的高度重视和正确领导下，在各有关部门大力支持和团结协作下，系统才得以顺利上线运行。建成的系统不仅是国家知识产权局"十三五"开局之年的一项党组重点工作，也是国家知识产权局认真贯彻落实国务院 71 号文件的重要举措之一。

在系统建设和上线运行期间，国家知识产权局专利局审查业务管理部、初审及流程管理部、实用新型审查部、外观设计审查部、知识产权出版社、中国知识产权报社、中国专利信息中心、专利检索咨询中心、审查协作北京中心、中国专利技术开发公司、中华全国专利代理人协会等有关部门和单位给予了大力支持，中国专利代理（香港）有限公司、北京三友知识产权代理有限公司、中国国际贸易促进委员会专利商标事务所、北京远大卓悦知识产权代理事务所（普通合伙）、北京汉德知识产权代理事务所（普通合伙）、北京集佳知识产权代理有限公司、中原信达知识产权代理有限责任公司、隆天知识产权代理有限公司等代理机构以及深圳市唯德科创信息有限公司、北京彼速信息技术有限公司配合完成了大量测试工作，所有参与人员发挥出吃苦耐劳、甘于奉献的精神，高效地完成了系统的设计、测试和演练工作。在线业务办理平台上线运行以来，申请人和代理服务机构对系统给予了高度的关注，提出了具有共性和建设性的意见与建议，针对这些问题，原有的项目团队承担了大量解答、系统改进工作，并由此提出了撰写一部操作实用指南的想法。正是大家对专利事业的高度责任感，使大家克服工作和生活中的种种困难，牺牲了大量的业余时间，完成了这本书的编撰。在此，编者对一直以来支持系统建设的局内外各单位和部门及系统开发方长城计算机软件与系统有限公司表示衷心的感谢！也向认真负责、在本书出版编辑过程中给予大量帮助的许波编辑表示感谢！

　　系统上线使用将是我们工作新的起点，在广大用户使用过程中，我们将真诚倾听大家的意见和建议，不断完善在线业务办理平台的功能，为大家提供一个方便、好用的办理专利申请和手续的平台。

本书编者

2017 年 8 月